예쁘기보다 너답게

러브 유어셀프 딸 성교육

예쁘기보다 너답게
러브 유어셀프 딸 성교육

올바른 성 가치관과
자존감을 키워 주는 부모

엄주하 지음

다독
다독

여성이라는 굴레를 벗고 한 사람으로 성장하기를

딸을 낳은 그 순간, 천사 같은 아이의 모습에 마냥 기쁘면서도 한편으로는, 어떻게 키워야 할지 걱정이 됐던 것도 사실이다. 여자로서 살아갈 세상이 만만치 않다는 것을 충분히 경험했기 때문이다.

한국 사회에서 여성이 된다는 것은 신체적·사회적 영향에서 자유로울 수 없다는 것을 의미한다. 딸들은 자아를 인식하는 사춘기가 되면서 본격적으로 사회적 성 역할 렌즈를 통해 '나는 누구인가'라는 질문을 스스로 던지며 자신을 인식하고 성 역할을 학습한다. 여성이라면 누구나 하는 월경이나 가슴 발달과 같은 신체 변화가 남학생의 놀림거리가 되기도 하면서 몸의 성장을 기쁘고 자랑스럽게 생각하기보다 부끄럽고 수치스럽게 여기기도 한다. 때론 사회적 기준에 맞는 몸을 만들기 위해 굶으면서까지 자기 몸을 사랑하지 못한다. 또한 '여자다움'이라는 한국 사회의 여성관에 따라 말과 사고, 행동의 제약을 받게 되고 삶의 주인이자 사랑의 주체가 되기보다는 사랑받는 존재로서의 수동적 태도가 각인되며, 적극적으로 세상을 경험하기보다 보호받고 사랑받는 존재의 〈어린 어른〉으로 길러진다. 사춘기가 되면 남학생의 자존감은 올라가지만 여학생의 자존감이 떨어지는 것도 이러한 이유에서다.

여성의 지위 향상으로 어느 정도 성 평등한 사회로 변화해 가고 있지만, 여성 근로자의 월 평균 임금이 남성의 3분의 2 수준에 그치는 현실을 볼 때, 여전히 여성이 사회적 주체로서 제대로 인정받지 못하고 있음을 체감

한다. 강경화 전 외교부 장관조차 한 포럼에서 〈여성으로 처음 외교부 장관이라는 막중한 자리에서 기를 쓰고 있지만, 저도 '여성이기 때문에 이런가'라는 것을 느낄 때가 있다〉면서 〈남성 위주의 문화에서 '내가 과연 받아들여지고 있나' 하는 질문을 스스로 할 때가 없지 않다〉라고 말했다.

앞으로 우리의 딸들이 사회인으로서 제대로 된 삶을 살기 위해서는 성 폭력적인 위험한 환경 외에도 개선해야 할 부분이 적지 않다. 특히 부모의 성 인식은 딸의 성장 과정 전반에 걸쳐 영향을 미치는 만큼 부모의 올바른 성 가치관이 우선이다. 그렇다면 딸들이 자신의 있는 그대로의 모습을 자랑스러워하고 사랑하며 자신의 삶을 꿋꿋이 살아갈 방법은 무엇일까? 먼저, 우리는 그동안 여성의 몸과 성 역할, 성적 존재로서의 여성에 대해 어떠한 시각을 가져왔는지 짚어볼 필요가 있다. 여성이라는 성은 변하지 않지만, 사회가 그것을 어떤 시각으로 바라보느냐에 따라 긍정적인 것이 될 수도, 부정적인 것이 될 수도 있다. 월경이 자랑거리가 될 수도, 거칠고 드센 여자가 아름다울 수도 있다는 말이다. 올바른 성교육의 시작은 부모 먼저 성에 대한 부정적인 시선을 거두고 성 평등적인 시각으로 딸을 대하는 것이다.

이 책을 통해 성 고정 관념에 입각한 성교육에서 벗어나 성 평등적인 교육을 할 수 있길 기대한다. 딸을 둔 엄마로서, 현장의 교육자로서 이 세상의 딸들이 자신의 있는 그대로의 모습을 사랑하고 존중받으며 자기다운 삶을 살아가기를 바란다.

_엄주하

Ⅲ 여자가 아닌 〈나〉로 살기

딸의 내면을 강화시키는 것은 부모이다

Ⅳ 사랑할 줄 아는 사람이 되기

이성에 대한 호감은 건강한 사춘기의 과정이다

V 내 딸도 성적인 존재

성관계 준비하기!
피임은 실천이다

VI 성적 위험으로부터 지키기

딸을 성적 대상으로 보는 사회,
이중적인 성적 잣대를 인식하자

I

딸의 성교육

착한 딸이 아닌, 자기 목소리를 내는 딸로!
부모가 <착한 여자 콤플렉스>를 만든다

1 성에 관해 쉽게 말하지 못하는 이유

한 학부모로부터 성교육을 언제부터 시작하는지 묻는 전화가 왔다. 초등학교 1학년 딸이 속옷을 갈아입다가 갑자기 팬티 속 자신의 성기를 유심히 살펴보더니 〈엄마, 여기가 아이가 나오는 곳이야?〉 하고 물었다는 것이다. 당황한 엄마는 〈응, 그곳에서 아기가 나와. 피아노 연습할 시간이다. 얼른 옷 입고 준비해야지〉라며 아이의 호기심을 애써 외면한 채 서둘러 자리를 피했다고 한다.

최근 몇 년 전까지만 해도 성교육은 정식 교육 과정에 포함되지 않았다. 학부모들은 〈우리 아이는 그런 데엔 관심 없다. 크면 저절로 알게 될 걸 오히려 성교육이 호기심만 키운다〉며 다소 회의적인 입장이었다. 하지만 디지털 성범죄, 데이트 폭력, 스쿨 미투, 낙태, 임신, 성폭력 등의 성 문제가 날로 심각해지면서 성교육의 필요성을 더는 외면할 수 없게 되었다.

하지만 그 필요성을 느낀다 해도 제대로 된 성교육을 받아 본 적이 없기에 어디서부터 어떻게 접근해야 할지 난감할 수밖에 없다. 교사들 역시 성 지식을 머리로는 이해해도 가르치려고 하면 사생활을 들키는 것 같아 입이 쉽게 안 떨어진다며 어려움을 토로한다. 성을 〈대놓고 이야기하기 힘든 부끄러운 주제〉로 인식하는 것이다.

어른들은 왜 성과 관련해서는 아이들의 간단한 질문 하나에도 그렇게 불편해할까? 대체 성을 무엇이라고 생각하는 걸까? 아이러니하게도 그 대답은 아이들의 모습에서 확인할 수 있다.

부정적인 인식을 바꿔야 한다

호기심이 많은 초등 1~3학년 아이들은 성교육 시간에 놀라울 정도로 집중한다. 자신이 어떻게 이 세상에 태어났는가를 자세히 알고 싶어 한다. 자신의 존재에 대한 호기심은 도서관에서 가장 빨리 너덜너덜해지는 성교육 책만 봐도 알 수 있다.

하지만 성에 대해 솔직하고 거리낌 없는 저학년과는 달리 고학년 학생들은 성을 부정적으로 인식한다. 〈성교육〉이라는 단어만으로도 교실 안은 소란과 웅성거림, 때론 낯선 침묵으로 가득 찬다. 〈성이 무엇일까?〉라는 질문을 하면 아이들은 〈사랑〉, 〈생명〉, 〈임신〉이라는 단어보다 〈변태〉, 〈저질〉, 〈섹스〉, 〈창녀〉 등 주로 혐오스런 단어들을 쏟아낸다. 심한 경우 역겹다며 구토하는 시늉까지 한다. 특히 고학년 때 처음 성교육을 시작하는 학교일수록 이런 반응이 나온다. 초등학교 1학년 때부터 생명의 성, 사랑의 성, 긍정의 성을 배우지 못한 고학년 남학생들은 음란물을 통해 잘못된 성을 배우기도 한다. 이런 남학생들은 성교육 시간에 다 아는 걸 또 배우느냐면서도 성에 대해 더 많은 것을 알고 싶어 한다. 반면 여학생들은 다른 수업 때보다 발표나 수다가 사라지는 등 성에 대해 말하거나 드러내는 것을 불편해한다.

성교육이 없는 사회는 음란물이 그 역할을 대신할 위험이 있다. 음란물 속의 성은 사랑, 생명, 존중, 배려가 결여된 오로지 성기의 결합인 섹스만 존재한다. 성을 단순히 남녀 성기의 결합으로 보는 사회에서 아이들은 〈성은 성기이자 성관계(섹스)이고 이는 곧 더러움〉이라는 인식을 가지게 된다. 자연히 성은 불결하거나 피해야 할 것이 된다. 일부 학부모가 성교육을 반대하는 이유도 성교육을 단순히 생식기 구조 및 기능을 가르치는 것으로 인식하기 때문이다.

성의 정확한 개념을 알아야 한다

나는 성 교육 시간에 성의 의미를 가르치기 위해 아이들에게 〈인생 그래프〉를 그리게 한다. 인간의 성장 과정을 탄생부터 유치원, 초등학교 저학년, 고학년, 중학교, 고등학교, 20세 이후, 30세 이후, 40세 이후, 50세 이후로 나누고 각 시기마다 어떠한 삶을 살았고 지금 어떻게 살고 있으며 또 어떤 삶을 살아갈 것인지를 적어 자신의 인생 그래프를 완성해 보는 활동이다.

먼저 〈나는 어디에서 태어났을까?〉라는 질문으로 시작한다. 그러면 아이들은 탄생부터 자신이 각 연령대에 겪게 될 일들을 상상하며 〈엄마 아빠가 사랑해서 저를 낳았대요〉, 〈남자 친구가 좋아진다〉, 〈가슴이 나오기 시작한다〉, 〈대학생이 되면 가장 먼저 연애를 하고 싶어요〉, 〈결혼을 할 것이다〉, 〈예쁜 아이를 낳고 싶어요〉 등의 내용으로 인생 그래프를 완성해 나간다. 다 적고 나면 그 안에서 성과 관련된 단어들을 찾아낸다. 이러한 활동을 통해 아이들은 성이 인간의 탄생부터 사랑과 연애, 결혼, 출산 등 인간의 삶 전체와 연관된다는 것을 자연스럽게 배운다.

성의 개념에는 섹스Sex, 젠더Gender, 섹슈얼리티Sexuality가 포함된다. 섹스는 성별과 성 욕구, 성 행동, 성관계와 같은 타고난 생물학적 성을 의미한다. 젠더는 사회가 기대하는 남자다움, 여자다움의 역할을 통해 길러지는 사회적 성이다. 섹슈얼리티는 성에 관한 생각과 느낌, 행동, 태도와 같은 성에 대한 가치관과 성 의식, 즉 정신적 성을 뜻한다. 섹스는 시대가 변해도 변하지 않지만 젠더와 섹슈얼리티는 어떤 시각을 갖느냐에 따라 변할 수 있으며 그에 따라 성에 대한 해석도 달라진다.

그러기에 성교육은 단순히 성기나 섹스에 관한 성 지식을 알려 주는 것이 아니다. 사랑을 할 수 있는 성적인 존재로서 나의 몸, 욕구, 성 역할,

느낌, 행동 등을 올바르게 바라볼 수 있도록 가르치는 것이다. 나아가 성적 주체로서 타인과 어떻게 관계를 맺고 소통해야 하는지를 배우는 사회 교육이다. 성교육은 성적 존재인 자신을 긍정적으로 바라보는 인식에서 출발해야 한다.

올바른 성 인식이 필요하다

스웨덴은 세계 최초로 성교육을 의무화한 나라로 만 4세부터 성교육을 시작한다. 성에 대한 긍정적인 인식이 자리 잡혀서 청소년의 임신과 낙태, 성폭력 발생 비율이 다른 나라들에 비해 낮다. 성을 위험한 것으로 금기시하기보다 긍정적으로 드러냄으로써 문제 해결 방법도 쉽게 찾았다.

성교육에서 가장 중요한 것은 성에 대한 긍정적인 생각이다. 〈성〉이라고 하면 머릿속에 어떤 단어나 이미지가 떠오르는가? 〈따뜻하다〉, 〈아름답다〉, 〈행복하다〉와 같은 좋은 말들이 떠오른다면 아이를 무릎에 앉히고 성에 대해 말하기가 쉬울 것이다. 하지만 나쁜 말부터 떠오른다면 선뜻 말하기가 힘들어진다.

부모들이 성교육을 어려워하는 이유는 성에 대한 부정적인 생각 때문이다. 아빠가 아들에게 하는 것보다 엄마가 딸에게 하는 것을 더 어려워한다. 그 이유는 여성의 성에 대한 수치심과 부정적인 인식 때문이다. 엄마부터 자신의 성을 정상적이고 자연스러운 생리 현상으로 받아들여야 딸에게 성교육을 할 수 있다. 반드시 성에 대한 정확한 지식이 요구되는 것은 아니다. 아이의 질문에 단순히 둘러대기보다 〈나도 잘 모르겠지만, 다음에 알아보고 알려 줄게〉, 〈좀 어려운 질문이네. 엄마도 잘 모르지만 같이 알아 보자〉라고 말하며 함께 찾아보는 적극적인 모습을 보이면 된다. 답을 알려 주는 것보다 더 중요한 것은 딸의 질문을 대하는 엄마의 태도이다.

성교육을 제대로 받은 적이 없다면 잘못된 통념이나 신화, 금기 사항에 대한 자기 점검이 필요하다. 딸의 호기심을 외면하지 않았는지, 아들과 딸을 차별하지 않았는지, 생리 현상을 숨겨야 하는 것으로 생각하지 않았는지 등 성에 대한 자신의 부정적인 생각들을 점검하고 개선해야 성에 대해 자연스러우면서도 진지한 대화를 시작할 수 있다.

성교육은 어느 한 시기에만 영향을 주지 않는다. 부모의 성 인식은 딸이 성인이 돼가는 모든 성장 과정뿐 아니라 성인이 된 후에도 딸의 삶을 결정짓는 중요 요인이다. 엄마부터 성에 대해 드러내 놓고 대화를 할 수 있어야 한다. 그래야 딸도 엄마가 했던 것처럼 좋은 경험이든 나쁜 경험이든 자기의 느낌과 생각을 솔직하게 말하고, 엄마를 자신의 든든한 조력자로 생각하며 문제가 생겼을 때 함께 해결할 수 있다.

2 사회와 더불어 하는 성 인권 교육

2015년 교육부가 〈초중고 성교육 표준안〉을 발표했을 때 각계 각층에서 찬반이 엇갈렸다. 학부모와 여성 단체는 〈남성의 성욕은 여성에 비해 매우 강하다〉, 〈남성과 여성은 뇌 구조부터 다르다〉 등의 일부 내용이 성 고정 관념을 답습한다며 문제를 제기했고, 종교계와 순결 교육 단체는 개방적 성교육은 성적 문란함을 야기하므로 〈순결 교육〉을 해야 한다고 주장했다. 한편 어느 교사는 성평등을 주제로 한 프랑스 영화 「억압받는 다수」(2010)를 도덕 시간에 활용해서 문제가 되었지만 이 공개 수업에 참여했던 한 학부모는 수업 소감란에 〈인권 중심적인 성교육이라 안심이 된다〉고 적었다. 이처럼 성 가치관은 성별과 직업, 종교에 따라 다르고 시대와 문화에 따라서 변하기도 한다.

성 가치관은 남성 중심이었다

원시 시대는 인간이 자연에 맞서 싸워야 하는 혹독한 생존의 시대였다. 남성은 사냥을 하고 여성은 채집을 하며 서로 먹을 것을 나누는 공생 관계였다. 남녀 간의 성관계는 〈생식과 종족 보존〉을 위해 적극적으로 권장되었는데, 특히 여성은 생리로 매달 피를 흘리면서도 다시 살아나는 불사신이자 사회의 인적 자원을 탄생시키는 신과 같은 존재로 추앙받았다.

고대에 들어 인구가 늘고 신분 계급이 형성되면서 남성의 힘이 중시되기 시작했다. 이 시기의 남성은 강인한 정신과 육체의 소유자이자 〈이성적인 존재〉로서 절제와 규율을 통해 운명을 개척해 나갔다. 남성 조각상은 성기가 발기되지 않은, 이성적이고 절제된 모습으로 표현되었다. 반면 여성은 남자의 사유 재산의 일부이며 무지하고 나약하며 오만하고 감정적인 존재로 인식되었다.

중세 시대는 늘어나는 인구 및 전쟁, 전염병으로 인한 혼란과 식량 부족을 겪으며 물질보다 정신을 중요시했다. 종교가 발달하면서 성욕은 이성과 의지로 억제될 수 있다고 믿는 금욕주의 기조가 생겼다. 부부조차 성관계를 한 달에 한 번으로 제한했고, 성적 쾌락만을 위한 자위는 불법으로 간주되었으며, 여성에게 정조대를 채우는 등 인간의 성적 욕망을 부정했다.

산업 혁명으로 시민이 주축이 된 근대 자본주의에 들어서면서 권력은 사유 재산을 가진 평민 남성에게로 옮겨 갔다. 돈과 명예를 통해 권력을 쥔 남성에게는 성적 활동이 허락되었다. 자위조차 죄악시되던 중세와 달리 남성의 성욕은 자연스러운 현상이자 힘의 상징이었다. 고대부터 중세까지 이성적으로 억제할 수 있다고 믿었던 남성의 성 욕구는 해소되어야 할 것으로 바뀌었고, 여성은 남성의 성욕을 자극하는 문란한 존재로서 차별과 멸시의 대상이 되었다.

성 윤리는 권력에 따라 바뀌어 왔다

성의 역사를 보면 그 사회의 권력층이 누구인지에 따라 성의 의미가 달랐음을 알 수 있다. 즉 권력자의 시각에 따라 성 윤리가 바뀌고 그에 따른 성차별과 성 행동 억제가 행해졌다.

어떤 사회에서는 남편이 죽으면 아내가 따라 죽는 순장 제도를 실시했고, 남편이 아내를 죽이면 무죄이나 아내가 남편을 죽이면 살인죄를 씌웠으며, 순결하지 않거나 남성 중심의 성 문화에 저항하는 여성은 성 윤리 관습법 위반으로 화형을 시켰다. 자위나 동성애, 혼전 섹스, 낙태 등도 그 시대와 사회의 권력자의 시각에 따라 유무죄가 성립되었다.

성의 의미에는 그 시대를 관통하는 과학, 의학, 심리학, 철학, 경제, 사회, 문화가 녹아 있다. 오랫동안 가부장적 성 문화에 익숙한 나머지 우리는 성차별을 인식하지 못할 때가 많다. 따라서 시대에 따라 달라지는 성 가치관을 꾸준히 확인하고 점검해야 한다. 그동안 남성 중심 사회에서 여성의 성이 어떠한 시각으로 정의되었는지, 그것을 너무 당연하게 여기지는 않았는지를 여성의 눈으로 질문해야 한다. 자신의 잘못된 성 의식이나 성에 대한 상처는 자신도 모르는 사이에 딸에게 대물림된다. 가부장적 시선을 거두고 〈거꾸로 보기〉를 시작해야 한다.

3 자존감을
높이는
성교육

사춘기에 접어들면 아이들은 어른의 세상을 배운다. 사회가 지닌 성 가치를 그대로 습득하면서 본격적으로 〈남자다운 남자〉, 〈여자다운 여자〉라는 성 역할을 학습한다.

사춘기의 남학생과 여학생은 다르다

부모의 태도나 사회적 시선이 사춘기 아이들의 성 역할 인식과 자존감에 영향을 미친다. 〈당당해지는 남학생과 움츠러드는 여학생〉의 모습으로 남녀가 확연히 구분된다. 학년이 올라갈수록 남학생은 목소리가 커지지만 여학생은 목소리가 작아져 반 분위기가 남학생 중심으로 돌아가곤 한다. 성교육 시간에도 남학생들은 적극적으로 질문하지만 여학생들은 고개를 숙이고 부끄러워한다. 특히 여학생은 눈에 띄게 달라지는 신체 변화와 생리 현상을 숨기고 싶어 더욱 움츠러든다. 사춘기 성장을 당당하게 여기는 남학생과 달리 여학생은 신체의 명칭조차 쉽게 부르지 못한다.

사춘기가 되면 왜 남녀의 태도가 이렇게 달라질까? 남녀를 대하는 사회의 시선 때문이다. 우리 사회는 남성의 행동에 대해서는 〈남자가 살다 보면 그럴 수도 있지〉라는 관대한 태도를 가지며 남성이 주도적이고 적극적으로 행동하길 요구한다. 이러한 시선과 태도는 사춘기 학생에게도 영향을 미쳐 그들도 스스로를 과대평가하고 생리적인 신체 변화를 자랑스러워한다. 성에 대해서도 적극적으로 관심을 보이고, 남자가 되어 가는 것에 자신감을 가진다.

반면 여성의 행동에 대해서는 〈여자가 어디서 나대느냐〉라는 부정적인 반응을 하며 소극적이고 온순한 태도를 요구한다. 이 때문에 기뻐해야 할 신체적 변화가 오히려 수치심이나 열등감의 원인으로 작용해 스스로를 과소평가한다. 때론 남학생들의 놀림이나 조롱이 여성으로의 성숙함을 부정적으로 인식하게 해 자존감을 떨어뜨린다.

잘못된 성 인식 때문에 일어나는 문제는 학교나 가정 그리고 대중 매체에서도 흔히 보인다. 사춘기 여자를 여성이 되기 위한 예비 단계로 간주해 몸가짐과 역할을 제한하고 본격적으로 여성다운 외모와 언행을 요구한다. 〈여자는 날씬해야 해〉, 〈여자는 예뻐야 해〉, 〈조신해야지〉와 같은 말을 아무렇지도 않게 한다. 이러한 사회적 메시지에 익숙해진 여학생들은 아이돌이나 주변 친구들과 자신의 몸을 수시로 비교하며 타인의 기준에 맞춰 자신을 평가한다. 한 여학생은 생리를 시작하자 엄마에게 〈이제는 여자답게 행동해〉, 〈혼자 다니면 위험해〉, 〈얌전해야지〉라는 말을 들었다고 한다. 그 학생은 〈여자〉가 되었다는 이유로 하루아침에 몸조심하고 행동에 제약을 받는 상황이 당황스럽다고 했다. 여전히 부모들은 딸의 신체적 변화를 자랑스러운 것이 아닌 걱정스럽고 부끄러운 것으로 인식하는 경향이 있다.

사춘기는 부모나 선생님의 도움 혹은 허락이 필요한 일도 혼자 할 수 있다고 생각하는 시기이다. 빨리 어른이 되어 주체적인 사람이 되려는 욕구가 커지고 타인이 자신을 어떻게 보는가에 대한 자의식이 강해진다. 그러나 사춘기 딸들은 오히려 행동의 제약을 받고 사고가 위축된다. 심지어 사춘기가 없었으면 좋겠다며 여성이 되어 가는 과정을 부정하려고도 한다. 실제로 사춘기를 기점으로 남아의 자존감은 올라가는 반면 여아의 자존감은 급격하게 떨어진다는 연구 보고가 있다.

딸의 자존감은 부모가 높여야 한다

자존감은 단순히 아이의 내면에서만 만들어지는 것이 아니다. 타인에게서 존재 그 자체를 인정받을 때 높아진다. 자아 존중감이 높다는 것은 자신을 가치 있고 소중히 여기는 마음이 높다는 것이다. 즉 자신을 자랑스러워하고, 용서하고 수용할 수 있는 존재로 느끼며, 원하는 것을 성취하는 과정에서 겪게 될 어려움을 이겨 낼 능력이 있다는 마음이다.

만일 여자의 사춘기 신체적 변화에 대한 사회적 인식이 남자에 대한 인식과 동일하다면 어떨까? 가슴이 나오고 생리를 하는 신체 변화가 여성에게 자랑거리였다면? 사회 속에서 여성의 역할을 칭송하고 격려하는 분위기였다면? 그래도 사춘기가 되면서 여학생들의 자존감이 낮아졌을까?

딸의 자존감을 키우기 위해서는 여성의 성에 대한 부정적인 사회 인식에 맞설 교육이 필요하다. 이런 질문으로 시작해 보면 어떨까? 〈왜 내 몸이 부끄러운가?〉, 〈왜 내 몸이 수치스러운가?〉, 〈내 몸인데도 왜 똑바로 바라보지 못하는가?〉

딸의 몸 자체를 인정하고 믿어 줘야 딸의 자존감이 높아진다. 성교육 수업 중 〈자기 몸에게 말 걸기〉라는 활동이 있다. 하루에 한 번씩 나를 있게 해준 몸의 각 부분과 대화하고 감사를 표현하는 것이다. 자신의 약점과 장점을 모두 수용하고 그것을 자랑스러워할 때 딸은 여성으로서의 자존감이 커진다. 딸 주위의 사람들이 긍정해줄 때 〈있는 그대로의 여성으로서 내가 좋다〉는 자기 긍정이 생긴다. 자신이 완벽하지 않다는 것도 인정할 수 있다. 키가 작고 뚱뚱하고 외모가 부족하다고 느껴도 태어난 자체로 무조건적으로 소중한 존재로 존중받아야 한다는 것을 일깨우는 것이다. 아이가 예쁠 때만 사랑하는 것은 사랑이 아니다. 아이가 예쁘고 날씬하지 않아도 품어 주는 것이 부모이다. 매일 거울을 보며 외모를 고민하던 한 아이는 자기 몸에 말 걸기를 통해 몸에 대한 자존감을 회복했다. 성교육을 제대로 받고 나면 남학생들은 성적인 장난이 줄고, 여학생들은 자신의 신체 변화나 생리 현상이 부끄러운 것이 아니라는 사실을 깨닫고 자신의 몸을 당당히 여긴다. 자신의 몸 구석구석의 소중함을 알아야 남에게도 장난삼아 돌을 던지지 않는다. 있는 그대로 존중받고 스스로를 격려하며 자신과 가장 친해질 때 세상에 당당히 나아갈 수 있다.

4 착한 딸이 아닌, 자기 목소리를 내는 딸로

대학 동창 집에 친구 여럿이 초대를 받았다. 중학생 딸이 현관까지 마중 나와 인사를 했다. 엄마를 도와 음식을 나르는 모습에 착한 딸을 두었다고 부러워하며 나중에 크면 〈일등 신부감〉이 될 것이라고 칭찬들을 늘어놓았다. 친구는 〈우리 딸은 얼마나 착한지 내 말에 《싫다》라는 말을 한 번도 안 해〉라며 순종적인 딸을 입에 침이 마르도록 자랑했다. 집에서는 엄마의 일을 적극적으로 돕고 동생과 오빠를 챙기며 학교에서는 선생님 말을 따르고 친구들도 잘 챙기는 착한 아이라는 것이다. 주변 사람을 돌볼 줄 아는 〈착한 아이〉는 누구에게나 사랑받는다. 예의 바르고 말 잘 듣는 착한 딸은 엄마의 자랑거리이자 그런 딸의 엄마는 모든 엄마들이 부러워한다.

부모가 만드는 〈착한 여자 콤플렉스〉

타인을 돌보는 따뜻한 마음은 보편적인 미덕 중 하나이다. 그런데 동화나 책, 드라마, 현실에서는 착한 여자는 많아도 착한 남자는 드물다. 남자아이가 착한 행동을 하면 〈착해서 세상을 어떻게 살아가려고 하느냐〉며 걱정한다. 또 남자가 간호사, 복지사, 교사 등 다른 사람을 돌보는 일에 종사하는 것을 선호하지 않는다. 사회는 남자에게 강하게 주장을 펼치며 세상을 향해 나서 주기를 바란다. 모험과 도전을 통해 경쟁에서 어떻게든 이겨 내는 강인한 남자를 선호한다. 유순하고 착한 마음은 유독 여자에게만 요구하는 경향이 있다.

반대로 〈강한 여자〉는 부정적으로 본다. 드라마나 영화에서 자기주장을 펼치는 여자들은 주로 마녀이거나 여주인공을 시기 질투하는 〈나쁜 여자〉로 나온다. 남자가 자기주장이 강하면 자신감 있다고 평가받는 반면, 여자는 〈너무 똑똑하면 피곤하다〉, 〈적당히 똑똑하고 적당히 일을 잘해야 한다〉며 비난받는다. 이런 여자들이 사랑받지 못하고 불행해지는 결론을 보며 여성들은 착한 여자를 내면화한다. 즉 세상이 좋아하는 여성상을 마음속에 투영하며 그것을 자기가 원하는 가치라고 여기는 것이다.

착한 여자를 선호하는 사회적 분위기는 여자들 사이에서도 크게 다르지 않다. 여자들도 자신의 생각을 적극적으로 표현하는 여성에 대해 반감

을 가진다. 그래서 수업 시간에 모르는 내용에 대해 적극적으로 자기 의사를 표현하는 남학생과 달리 여학생은 알든 모르든 표현을 안 하는 경우가 많다. 자기주장이 강한 여학생은 〈잘난 척〉을 한다며 질시나 비난의 대상이 된다. 왕따가 되지 않으려면 알고 있어도 드러내지 않아야 하며 자신의 능력이나 미모를 뽐내서도 안 된다. 특히 관계를 중요시하는 여학생 집단에서는 잘난 척으로 왕따가 되지 않으려고 〈난 살쪘어〉, 〈난 키가 작아〉라며 일부러 단점을 드러낸다. 자신을 낮춤으로써 집단 내에서 공감받고 서로 위로하며 결속을 다진다.

이 때문에 여학생들은 자신의 생각이나 의견을 내세우는 방법을 배우지 못한다. 방법을 안다 해도 주변의 반응을 염려해 제대로 표현하지 못한다. 착한 여자로 자라 온 아이는 〈거절하면 엄마가 날 사랑하지 않을 거야〉, 〈싫다고 말하면 남자 친구가 떠날지 몰라〉 하며 제대로 자신의 의사를 표현하지 못 한다. 특히 마음에 들지 않는 친구에게 그만 놀고 싶다고도 못한다. 결국 주변 사람으로부터 인정과 사랑을 받기 위해, 버림받지 않기 위해 스스로 구속을 선택한다. 이렇게 자신의 감정에 솔직하지 못하면 자신만 희생한다는 억울함, 부당함, 차별, 걱정, 슬픔, 불안, 고통, 괴로움, 외로움의 감정이 쌓일 수밖에 없다.

언젠가 친구 하나가 〈착한 딸로 살자니 죽을 것 같다〉고 고백한 적이 있다. 친구는 〈지나가는 길에 한 할머니가 길을 물어서 가르쳐 드렸는데 오히려 내 입에서 감사하다는 말이 나왔어〉라면서, 착한 여자로 살아온 자신이 한심하게 느껴졌다고 말했다. 자신에게 상처가 되고 어려워지는 상황에서도 주변 사람의 감정과 반응이 먼저였고 정작 자신의 감정은 내팽개치며 살았다고 속상함을 토로했다. 친구는 자신의 입장을 먼저 생각하면 죄책감에 힘들고, 다른 사람의 입장을 먼저 생각하면 억울한 생각이 든다고 했다. 감정을 표현하지 못하고 남의 눈치만 살피면서 성장하면 자아가 건강하게 발달하기 힘들다. 착한 여자는 상대에게 결정권을 내주고 그 대가로 사랑을 받지만, 자신의 존재는 없고 상대가 원하는 모습만 남아 자아를 잃고 목소리도 잃는다.

착함보다는 올바름의 가치를 알려 주자

착한 여자는 사랑에 빠질 때 큰 혼란을 겪는다. 부모와 형성된 관계 방식이 주변 사람들이나 이성과의 관계에도 영향을 미친다. 부모에게도 자기주장을 못 했으니 친구나 애인에게는 더 어렵다. 여학생들은 상담을 하면서 〈남자 친구를 좋아하는데, 뭘 해줘야 그 애가 나를 더 좋아할까요?〉라고 묻는다. 자신을 온전히 있는 그대로 받아들이지 못한 채 부모의 사랑을 얻으려던 착한 아이는, 착한 여자로 성장해 또 자신의 부족한 것을 채울 무언가를 주면서 남자의 사랑을 얻으려 한다. 그렇게 해서 사랑을 얻어도 자기 목소리를 내지 못한다. 목소리를 낸다는 것은 사랑이나 결혼 등 선택의 순간이 올 때 스스로 결정할 수 있는 자기 결정권을 가진다는 말이다.

착한 여자를 싫어하는 사람은 드물다. 하지만 착한 여자 중에서도 자신을 돌볼 줄 알고 분명한 목소리를 가진 착한 여자는 다른 사람의 눈치만 보는 착한 여자와는 구분된다. 진정한 의미의 〈착하게 산다〉는 것은 〈올바르게 산다〉는 것이다. 즉 무조건 순종하고 동의하는 것이 아닌, 가장 먼저 자신을 사랑하며 옳고 그름을 가릴 줄 알고 그에 따라 좋고 싫음을 잘 표현하면서 사는 것이다. 누군가가 자신을 차별하거나 무시하고 이유 없이 부당한 대우를 한다는 생각이 들면 화를 내는 게 당연하다. 화는 자신을 보호하기 위한 자연스러운 감정이지 남에게 상처를 주려는 것이 아니다. 진정한 의미의 착한 여자란 화가 났을 때 무조건 참고 넘기는 것이 아니라, 당당히 자신의 감정과 입장을 상대에게 납득시키고 문제를 효율적이고 원만히 해결하는 〈목소리를 가진 여자〉다. 이러한 목소리는 하루아침에 만들어지지 않는다. 부모는 아이가 싫을 땐 〈아니요〉라고 말하도록 가르치고, 일상에서 아이의 〈아니요〉가 수용되는 상황을 경험시켜야 한다. 그렇게 타인의 생각은 물론 자신의 생각이 존중받는 경험을 쌓는 것이다.

혜밍웨이는 〈내가 아닌 것으로 사랑받느니, 나 자신으로 미움받겠다〉고 말했다. 착한 여자에서 벗어나 바르게 사는 여자, 즉 자기 목소리를 내면서 때로는 미움까지도 받아 낼 용기를 가져야 세상에 도전할 수 있다.

5 발달 단계에 맞는 성교육

학부모들에게 〈성교육을 언제 시작해야 할까요?〉라고 물으면 대부분 가슴이 나오고 생리를 시작할 때라고 대답한다. 물론 이때도 늦지 않았지만 성교육은 유치원이나 초등학교 저학년 때 시작하는 것이 효과적이다. 어릴 때부터 올바른 성 인식을 가져야 부정적인 성에 대한 비판력과 건강한 성 인지 관점을 가지게 된다. 세계적으로 아동 성교육은 인생을 행복하게 살아가는 데 중요한 인성 교육의 하나로 인식되고 있다. 유네스코 국제 성교육 가이드라인이 권장하는 성교육 시작 연령은 5세이다.

성교육은 아동의 발달 단계에 맞춰서 하는 것이 중요하다.

육아와 마찬가지로 발달 단계를 알아야 아이의 질문에 당황하지 않고 눈높이에 맞춰 대답할 수 있다. 똑같은 질문이라도 아이의 발달 단계나 나이, 호기심 정도에 따라 그 대답의 범위나 표현이 달라진다.

남녀를 구별할 줄 아는 0~3세

신체적 접촉을 통해 충분한 사랑과 애정을 표현함으로써 자신이 사랑받는 존재임을 느끼게 해야 한다. 포옹이나 입맞춤, 안아 흔들기, 기저귀 갈기, 목욕 등을 통해 부모와 애착이 형성되면서 부모에게 신뢰감을 느낀다. 18개월부터는 자기 몸의 탐색기를 거쳐 남녀 구별 의식이 싹튼다.

호기심을 느끼는 3~5세

세상에 대한 호기심이 발달하여 또래 동성 친구들과 어울리면서도 혼자 놀기도 하는 시기이다. 몸에 대한 호기심을 표현하며 엄마, 아빠, 또래 이성 친구가 어떻게 다른지 궁금증을 가지며 구체적으로 묻는 시기로 성교육을 시작하기에 좋다. 특히 함께 목욕하는 엄마나 아빠의 벗은 몸을 빤히 쳐다보기도 하고 자신과 같거나 다른 점에 대해 궁금해한다. 가령 〈아빠는 있는데 나는 왜 고추가 없어?〉라고 묻는다. 이럴 땐 당황하지 말고 〈아빠의 음경은 밖에 나와 있고, 엄마의 음순은 아기를 보호하기 위해서 안에 있어. 앞으로 딸은 엄마처럼 성장할 수 있어〉라고 남녀의 차이를 알려 주면서 몸의 소중함을 알게 해주는 것이 좋다. 이때 정확한 용어로 설명하는 것이 좋다. 아이가 어려 단어가 어렵다는 생각에 〈소중이〉, 〈잠지〉, 〈고추〉 등의 속어를 사용하기보다는 바깥쪽 성기를 음순, 안쪽은 질, 아기집은 자궁(포궁)이라는 정확한 명칭을 알려 주고 사용하는 게 좋다. 문제는 부모가 이런 단어를 어색해한다는 것이다. 얼굴의 눈, 코, 입처럼 생식기를 몸의 한 부분으로 인식하고 정확한 이름을 불러야 커서도 자연스럽게 말하고 긍정적으로 대할 수 있다.

아이는 긴 설명을 소화하지 못하므로, 최대한 간단하고 명확한 용어로 설명해야 한다. 때론 혼자 놀다가 성기에 관심을 갖기도 하는데 우연히 음핵을 만졌다가 기분이 좋아서 자꾸 성기에 손을 댄다면 혼내기 보다 다른 놀이로 관심을 유도하는 게 좋다.

이 시기는 사회성 발달과 함께 언어 발달이 이루어지는 시기로, 아빠랑 결혼한다고 말하는 등 점차 자신과 엄마를 동일시함으로써 여성의 성 역할을 배우고 익힌다. 자신의 성 역할을 인식해 더욱 여자다운 장난감이나 인형을 선호하고 여성임을 증명하려고 한다. 이때 생활 속 물건이나 행동들을 굳이 남자, 여자로 구분하지 말고 여성성과 남성성을 모두 발달시킬 수 있는 다양한 놀이를 경험하게 해야 한다. 즉 남성과 여성이 생식기는 달라도 결국 하는 일, 살아가는 일은 비슷하며 그 역할도 비슷하다는 것, 양성평등 인식을 가질 수 있는 환경을 만들어 주는 것이 중요하다.

부끄러움을 느끼는 6~7세

제1의 사춘기로 불리는 시기로 성에 관한 관심이 생기며 이성에게 부끄러움을 느끼기 시작한다. 몸의 소중함을 알려 줘야 할 시기이다. 〈나 어떻게 태어났어?〉 혹은 〈나 어디서 왔어?〉라고 물어 오면 〈엄마 아빠가 사랑해서 엄마 아빠의 몸속에 있는 아기씨 난자와 정자가 만나서 사랑하는 딸이 만들어졌지. 너는 그렇게 엄마 배 속에서 크다가 열 달이 지나서 아기 나오는 길을 통해 세상에 나왔어〉라고 전체적인 설명을 해주는 것이 좋다. 이때 아이와 함께 딸, 엄마, 아빠, 정자, 난자, 음경, 자궁의 모습을 종이에 그리거나 클레이 점토로 인형을 만들어 설명해도 좋다. 엄마나 아빠의 모형은 성기나 유방 등 2차 성징을 표현하며 어른이 되면 누구나 자연스럽게 성장한다는 것을 이야기해 줘야 한다. 이때 중점을 둬야 할 부분은 성 지식 자체보다 〈성에 대한 긍정적인 태도〉를 가지게 하는 것이다.

그리고 성적인 접촉으로 인해 어떤 것이 좋은 느낌이고 어떤 것이 나쁜 느낌인지를 알려 주고 스스로 인지하도록 하는 것도 필요하다. 친밀감이나 애정이 담긴 사진을 보면서 어떤 감정일지 추측해 보고, 신체를 접촉했을 때 좋은 느낌과 싫은 느낌이 어떤 것인지 알게 해주자. 아이에게 〈안아도 돼?〉 라고 물어보고 아이가 허락했을 때 껴안고, 싫은 느낌이 들 때는 언제든지 〈싫어〉라고 말하게 해야 한다. 아빠와 함께 목욕하는 경우 아이가 자신의 성기를 가리거나 불편해하면 간단하게 속옷을 입히고 씻기거나 아이가 혼자서 할 수 있게 차츰 도와주는 것이 좋다.

몸에 관심과 호기심이 많은 아이들은 병원 놀이를 하면서 옷을 벗고 몸을 보여 주기도 하고 서로의 생식기를 만지거나 성적 행위를 흉내 내며 노는 경우도 있다. 이때 어른들의 태도가 중요하다. 이 시기 아이들에게는 성적으로 어떠한 의도를 가진 것이 아닌 〈단순한 놀이에 불과하다〉는 것을 알아야 한다. 장난이나 놀이가 폭력이 되지 않도록, 함부로 만지면 병이 생긴다거나 소중한 곳이니 보여줘서도 만져서도 안 된다는 것을 알려줘야 한다. 이때 아이를 놀라게 하거나 잘못했다는 생각이 들도록 혼을 내는 등 과민하게 반응하면 성에 대한 부정적인 상처가 남게 되므로 어른들의 시각으로 바라보는 것을 지양해야 한다.

이 시기 아이는 생식기의 생김새로 자신이 여자라는 것을 인지하고, 소꿉놀이 같은 남녀 놀이를 통해 성 역할을 구별한다. 취학 전의 아이들은 남녀를 엄격하게 구분하는 모습을 종종 볼 수 있는데, 그것은 자신과 다른 사람을 구분하는 인지 능력이 생겼다는 뜻이다. 여아는 리본 액세서리나 분홍색 원피스 등을 고집하며 자신이 여자임을 증명하려고 한다. 이런 딸의 행동을 보고 엄마들은 〈역시 여자는 달라. 타고나는 건가 봐〉라며 여성은 타고난다고 생각하기도 한다. 하지만 엄마와 자신을 동일시하며 주변의 역할을 그대로 보고 배우는 과정이므로 부모가 어떠한 성 역할을 하는가가 중요하다. 이때의 성 역할이 아이의 미래 적성에 영향을 미친다는 것을 인지하고 여성성과 남성성을 모두 키워 줄 수 있도록 퍼즐이나 블록, 운동 등 다양한 놀이 형태를 경험할 수 있도록 해주며 특히 남자아이들이 즐겨 하는 놀이도 적극적으로 권하고 함께 해주자.

다양한 질문을 하는 8~10세

남자와 여자의 차이를 분명히 이해하는 시기이다. 앞으로 찾아올 생리적 현상과 생식기 기능에 관해 올바르게 가르치는 게 좋다. 이때 생식기나 생리적 현상은 엄마와 아빠가 서로 사랑해서 아이를 낳기 위해 꼭 필요한 것이라고 설명하면서 자신이 부모의 사랑으로 만들어진 소중한 생명임을 깨닫게 해주자. 아이들이 주로 하는 질문에 이렇게 대답한다.

질문　아기는 어떻게 생겨요?

답　어른이 결혼을 하면 깊은 사랑을 하게 돼. 그때 아빠의 음경이 엄마의 질 속으로 들어가서 정자를 보내는데 그때 정자가 난자를 만나 수정이 이루어지면 아기가 생기는 거야.

질문　아기는 어디서 자라요?

답　엄마 배꼽 아래에 주먹만 한 아기 주머니인 〈자궁(포궁)〉이라는 곳이 있는데 그곳에서 약 280일 정도 자라.

질문　아기는 어떻게 나와요?

답　우리 몸에는 코와 귀의 구멍처럼 구멍이 여러 개 있는데, 여자는 소변과 대변이 나오는 구멍 사이에 아기가 나오는 구멍인 질(산도)이 있어. 자궁 안에 있던 아기가 그 길을 따라 나오는 거야.

질문 　엄마의 몸속에서 아기는 뭘 먹고 자라요?

답 　　엄마와 아기는 탯줄로 연결되어서 엄마가 먹는 음식의 영양분과
　　　　산소가 아기에게 전달돼. 물론 나쁜 음식이나 해로운 담배 연기
　　　　도 전달돼. 그래서 아기를 가졌을 때는 좋은 음식을 먹어야 해.

올바른 성 인식을 심어 줘야 하는 11~13세

사춘기 신체 변화가 찾아오는 시기이므로, 몸의 변화를 긍정적으로 받
아들이도록 미리 기본 교육을 하는 것이 좋다. 초등 3~4학년에 초경이나
몽정을 하는 등 성장이 점점 빨라지는 추세이므로 어릴 때부터 성교육을
하지 못했다면 이 시기에라도 시작해야 한다. 가슴이 나오는 등의 신체
적 변화가 생기는 시기이니만큼 오히려 자연스럽게 이야기를 꺼낼 수 있
다. 미디어의 발달로 피임이나 불임, 성차별 등 성과 관련된 수많은 이야
기들을 미리 알고 질문할 수도 있다. 사춘기의 자연스러운 과정이니 당황
하지 말고 신체적 변화와 여성의 성 역할에 대해 올바른 관점에서 말해
주자. 그래야 나중에 음란 소설이나 동영상을 통해 왜곡된 성행위에 관한
내용을 접해도 실제와 다르다는 것을 인식한다. 그동안 성관계를 막연히
임신으로만 생각해 왔던 아이들도 이 시기에는 신체적 변화를 통해 자신
의 신체와 연관해 생각한다. 성관계에 대해서는 더욱 구체적이고 정확한
용어로 설명하는 것이 좋다.

6 성장과 혼돈의 사춘기

딸과 목욕탕에 갔을 때였다. 딸의 봉긋한 가슴이 눈에 들어왔다. 〈곧 사춘기가 오겠구나〉 하는 생각이 들었다. 그즈음 딸은 관심도 잔소리로 듣고, 혼자만의 공간에만 있으려 했으며, 자기 물건에 손대는 것조차 싫어했다. 친구와 통화할 때는 별것 아닌 일로 까르르 웃다가도 엄마 앞에서는 뭐가 그렇게 못마땅한지 부루퉁한 얼굴로 무엇에든 불만투성이였다. 어느 날은 집으로 들어오자마자 〈나 사춘기야〉라고 말하면서 방문을 쾅 닫고 들어가 버렸다. 반항과 변덕이 심해지고, 비밀이 생기고, 외모나 패션이나 연애에 관한 관심이 높아지는 등 전형적인 사춘기 증상이 시작된 것이다. 이 시기에는 분명 사랑하는 딸이지만, 종종 남같이 느껴진다. 아이가 언제 생리를 시작하고 몸이 어떻게 변할지 모르니 부모 입장에서는 막연한 불안감이 당연히 생긴다. 하지만 가장 힘든 사람은 모든 것이 변하고 이유 없이 생기는 감정들을 직접 겪어 내야 하는 딸이라는 사실을 기억해야 한다. 부모와 딸 모두 사춘기의 변화에 대해 미리 이야기를 하고 이해해 두면 전쟁 같은 사춘기를 잘 지낼 수 있다.

사춘기 몸의 변화는 특별하다

사춘기는 몸의 호르몬에서 시작된다. 그리스어로 〈자극하다〉, 〈각성시키다〉라는 뜻을 가진 호르몬이라는 물질이 온몸 구석구석을 돌며 여성으로의 성장을 주도한다. 이때 성장 호르몬과 함께 성호르몬이 분비되면서 2차 성징이 나타나기 시작한다. 단순한 신체의 변화뿐 아니라, 뇌의 발달과 정신적인 영역에도 변화가 생긴다. 사춘기는 남자보다 여자가 1~2년 정도 빨리 오며, 초등 4학년에서 고교 졸업 시기의 사이에 대략 4년 동안 겪는다.

이때 딸들에게는 여성 호르몬과 성장 호르몬의 영향으로 키와 가슴과 엉덩이가 커지고, 초경을 하고, 음모가 자라는 등의 신체적 변화가 나타난다. 과거에 비해 성장 속도가 빠르며 다소 개인 차이는 있지만 4년 동안 평균 20센티미터 정도 키가 자라고 몸무게가 급격히 늘어난다. 이때 아이들은 이러한 신체의 급격한 변화를 긍정적으로 받아들이기보다 예민하게 반응하고 위축된다.

신체와 더불어 인지 영역도 발달한다. 구체적으로 〈왜?〉라는 질문을 던지면서 추상적인 사고를 한다. 〈나〉를 인식하기 시작하면서 나는 누구이고 어떤 사람인지에 관해 고민하며 〈나는 무엇을 원하지?〉, 〈나는 무엇을 좋아하지?〉 등의 질문을 하며 자신의 정체성을 찾으려 한다. 즉 〈나〉를 알아 가는 시기인 것이다. 이때는 자기의 성격과 취향, 가치관, 능력, 관심, 인간관, 세계관, 미래관 등에 관해 생각하고 어떤 사람으로 살아갈 것인지를 정의해 가는 과정이다. 자의식의 발달로 주변 사람들의 평가와 시선을 신경 쓰며, 자신이 어떤 사람인지를 알아가는 시기이므로 혼란스러울 수밖에 없다.

감성의 뇌가 이성의 뇌보다 먼저 발달한다

이때는 감정을 조절하는 정서적인 뇌가 발달한다. 신체 부위마다 성장 속도가 다르듯 뇌도 부위마다 성장 속도가 다르다. 사춘기에는 감정의 뇌가 커지는 반면 이성적 판단을 하는 뇌는 상대적으로 작아져 감정적으로 대응한다. 신경학자들이 6세부터 29세를 대상으로 차분한 사진에는 버튼을 누르고 행복한 사진에는 버튼을 누르지 말라는 실험을 했다. 실험 결과 10대 청소년들은 버튼을 누르지 말라는 행복한 사진에 버튼을 더 많이 눌렀다. 사춘기 뇌는 보상과 대면하면 충동을 억제하기 힘들다고 한다. 행복한 사진이 멋지다고 인식함에 따라 누르면 안 되는 줄 알면서도 버튼을 누른다. 이성을 관장하는 전전두엽이 제대로 작동하지 않는 것이다. 뇌의 부위별로 발달 속도가 달라 감정과 생각, 행동 간에 균형과 조화가 잘 이루어지지 않는다.

이때 본격적으로 사회를 배우기 시작하지만 사람과의 관계 형성은 물론 스스로를 표현하는 데도 미숙하다. 친구 관계, 이성 문제, 외모 문제 그리고 진로 문제 등에 당면하면서 정서도 불안정하다. 뚜렷한 이유 없이 예민해지고, 우울해한다거나 불안해하며 공포, 불안, 수치심, 죄책감 등 부정적 감정을 많이 느낀다. 외부 요인으로부터 쉽게 상처 입고, 감정 기복이 심하며 충동적이고 공격적인 성향을 보이기도 한다. 변화에 대한 두려움을 분노로 표현할 때도 있다. 예민도가 높은 경우 외부의 영향을 쉽게 받아 큰 상처를 입고 충동적으로 자살을 시도하는 심각한 상태도 종종 있다.

심리학자 그랜빌 스탠리 홀은 사춘기 청소년에 대해 다음과 같이 말했다. 〈사춘기 청소년은 아동도 아니며 성인도 아닌 발달 과정의 모호한 위치에 있으며 자의식과 현실 사이에 대한 갈등, 고독, 소외, 혼란의 감정들을 경험한다.〉 이처럼 어른의 몸을 가졌으나 불안정한 뇌와 부족한 대인 관계 때문에 불안정할 수밖에 없다. 또한 자신이 결정할 수 있는 것이 아무것도 없다 보니 불만스럽고 혼란스럽기만 하다.

아이들이 신체적으로 성장하는 만큼 정신적으로도 성숙하리라고 기대하면 오산이다. 몸은 다 자랐지만 뇌 발달은 사춘기가 끝나 가는 18세 정도에 완성된다. 이러한 사춘기의 특징을 제대로 이해하지 못하면 갈등을 피하기 어렵다. 마냥 아이인 줄 알았는데 갑자기 〈내가 어떻게 알아!〉, 〈어쩌라고!〉, 〈짜증 나!〉라는 반응을 보이면 부모는 〈이게 어디서 엄마한테 짜증이야!〉, 〈너 때문에 못 살아!〉라고 맞받아치며 갈등이 시작된다. 이때는 아이가 사춘기를 온몸으로 겪느라 스트레스를 받는다고 생각하며 도와야 하는 시기라고 이해해야 한다.

사춘기 아이는 어떤 행동을 할 때 그 행동이 앞으로의 상황에 얼마나 유익한지를 따지기보다 지금 당장 마음에 드는지 아닌지 여부만을 기준 삼아 받아들이거나 거부하는 특징이 있다. 옳고 그름을 따지지 못하는 커다란 감정의 뇌를 가진 아이와 맞서기보다 이성의 뇌를 가진 부모가 먼저 진정하고 아이에게도 시간을 주자. 아이가 다시금 이성적으로 돌아오면 잘못된 점을 명확하게 알려 주는 것이 좋다.

〈나 사춘기야〉를 외치며 방으로 뛰어 들어갔다가 한참 뒤 머쓱한 표정으로 다시 나온 딸에게 〈그럼 엄마는 오춘기?〉라며 농담을 건네곤 했다. 그러면 딸은 피식 웃으며 미안하다고 말했다. 혼자만의 시간을 주고 스스로 성숙해질 때까지 기다리고 격려해 주니 아이는 학교에서 있었던 일이며 어떤 일로 왜 화가 났는지를 털어놓았다.

하지만 아이를 이해해야 한다는 이유로 부모를 무시하는 태도를 무작정 받아들이거나 모른 척해서는 안 된다. 이해하고 존중하는 태도를 서로 길러 나가고 이를 위해 같이 노력하는 분위기를 만드는 것이 중요하다.

사춘기 딸이 부모를 외면한다고 부모와의 관계마저 포기한 건 절대로 아니다. 오히려 부모로부터 있는 그대로의 자기 모습을 인정받고 싶은 욕구를 반대로 표출하는 것이다. 사춘기 때는 저마다의 발달 속도로 자신만의 개성을 만들며 성장한다. 그 과정을 힘들어 하는 아이들 옆에서 부모는 돕고 응원해야 한다. 나그네의 옷을 벗기는 것이 따뜻한 햇볕이듯 아이를 믿고 긍정의 메시지를 주자. 〈괜찮아. 빠르든 늦든 시간이 지나면 모두 어른이 돼〉, 〈세상에 똑같은 사람은 없어〉, 〈사람마다 자기의 색깔이 있어〉, 〈네가 옆에 있어서 행복해〉, 〈네가 그렇게 해주니 기뻐〉, 〈고마워〉, 〈네가 자랑스럽다〉라고 자주 말해 주자. 머리 쓰다듬기, 어깨 두드리기, 안아 주기 등 스킨십도 수시로 시도하며 딸에게 심리적 안정감을 주자.

사람은 두 번 태어난다고 한다. 한 번은 태어날 때이고, 또 한 번은 2차 성징인 사춘기 때이다. 사춘기는 어른이 되어 사랑할 수 있는 몸으로 변화하는 시기라는 것을 알게 하자. 1차 탄생이 부모의 아픔을 통해 이루어진다면, 2차 탄생은 스스로 아픔을 견디며 이루어진다. 〈새는 알을 깨면서 태어난다. 알은 새의 세계이다. 태어나려는 자는 하나의 세계를 깨뜨리지 않으면 안 된다〉는 헤르만 헤세의 말처럼, 딸이 스스로 어린이의 세계를 잘 깨고 건강하게 어른의 세계로 향할 수 있도록 기다리고 격려하자.

7 여성이 아닌,
자신을 찾아가는
과정

딸이 여성으로서 성장하는 것은 아들이 남성으로 성장하는
것과는 조금 다르다. 아들은 사춘기에 접어들어도 본격적으
로 사회가 중시하는 주체적이고 책임감 있는 리더의 자질을
갖도록 요구받으며 〈남성=사회인〉임을 당연시하고 성 정체
성과 자아 정체성에 큰 혼란을 겪지 않는다. 아들들에게 주
지시키는 사회적, 남성적 역할은 꽤 명확하다. 하지만 딸들은
사춘기가 될수록 딜레마에 빠진다.

딸들은 이중적인 기준으로 혼란스럽다

사춘기의 딸들은 스스로 〈나는 누구이며, 어떤 여자인가〉라는 질문을 한다. 이 시기에 형성된 〈자아 정체감〉과 〈성 정체감〉이 여성의 가치를 결정한다. 현대 사회는 여성도 자아실현을 꿈꾸며 직업을 가지는 시대이지만, 여전히 여성에게는 〈사회인〉보다 〈가정인〉으로의 역할이 우선시된다는 것을 체감할 때가 많다.

회사에서 능력을 인정받는 여성에게 엄마, 딸, 아내, 며느리로서의 역할도 완벽하길 기대한다. 또한 사회적으로 인정받는 적극적이고 주도적인 여성은 무뚝뚝하고 드셀 거라는 고정 관념이 있다. 한 여학생은 공부도 잘하고 반장도 하는 등 학교생활에 적극적이었지만 남학생들에게 인기가 없다며 고민이라고 했다.

이러한 사회적 분위기 때문에 엄마는 딸이 공부를 잘해서 좋은 대학에 들어가 〈어엿한 사회인〉이 되기를 원하면서도, 궁극적으로는 굳이 힘들게 직업인으로서 살기보다 남자가 벌어 주는 돈으로 사랑받으며 사는 게 행복한 거라고 말하곤 한다. 딸에게는 주체적이고 독립적인 삶을 기대하기보다 남성에게 사랑받는 존재이자, 미래의 엄마로서의 역할을 기대한다. 그러한 엄마를 둔 딸의 내면에는 직장인의 역할과 가정주부의 역할에 대한 가치가 충돌하며 자립과 의존이라는 두 대립되는 행동 양식에서 딜레마가 생긴다. 한 사람의 인생에 어떻게 두 가지 정체성을 조화시켜 나가야 할지 혼란스럽다.

자신만의 성 정체성을 갖도록 도와야 한다

10대는 자신의 성 정체성을 찾아가는 시기이다. 자아 정체성과 성 정체성의 확립, 즉 〈나는 누구인가〉, 〈어떠한 사람으로 살아갈 것인가?〉, 〈어떠한 여자로 살아갈 것인가〉에 대한 질문에 스스로 답을 찾는 과정을 겪는다. 그 답은 자신이 직접 하는 선택과 결정을 경험하고 그 경험이 쌓이며 만들어진다. 이 대답을 스스로 찾아낸 딸들은 성 고정 관념에서 벗어나 자신의 길을 갈 수 있다. 이때 사회나 부모가 〈일반적인 여자다움〉을 기준으로 그에 부합하도록 강조하면 딸은 그 기준에 자신을 맞춰 가느라 자신이 진정으로 원하는 것을 알지 못한다.

남자들은 자신을 평생 직업인으로 생각하는 반면, 여자들은 〈사회인〉으로서 자신의 삶을 중시하지 않는 경향이 있다. 보통의 남자들이 집안일을 자신의 담당이라고 생각하지 않듯, 여성 또한 집안의 경제적 책임이 자신에게 있다고 생각하지 않는 것이다. 알파걸은 여전히 알파 〈걸girl〉일 뿐 알파 〈우먼woman〉이 되지 못하고 있다.

가정과 사회 활동 모두 남녀가 평등해야 하는 시대이다. 〈안 되면 시집이나 가지〉라는 말은 더 이상 통용되지 않는다. 스스로를 책임지는 어른으로서 살아야 하므로 여성에게 직업은 선택이 아닌 필수이다. 집안의 가장으로서는 물론 양육 담당자로서의 역할도 책임감 있게 수행할 수 있도록 성장해야 한다.

II
자신의 몸 긍정하기

외모에 집착하는 아이들,
부모의 한마디가 아이를 열등감에 빠뜨린다

1 성장하는 몸, 다양한 몸

딸이 6학년이 될 무렵 새로 산 청바지를 한 계절도 입지 못할 정도로 키가 자랐다. 동시에 가슴과 엉덩이가 둥글어지고 사타구니에 털이 조금씩 나더니 생리를 시작했다. 사춘기에 왕성하게 분비되는 성장 호르몬과 성호르몬이 어린아이였던 딸을 눈 깜짝 할 사이에 여성으로 바꿔 놓았다. 뇌하수체에서 분비되는 여성 호르몬인 에스트로겐이 온몸 구석구석을 돌며 임신과 출산에 적합하도록 골반을 키우고 가슴과 엉덩이에 지방이 쌓이게 한다. 그런데 여자아이들은 애벌레가 나비로 변하는 이 아름다운 성장을 기피한다. 남자아이들은 빠른 성장을 자랑으로 여기는 반면 여자아이들은 초경을 부담스러워한다.

몸의 변화를 긍정적으로 보게 하자

딸이 성에 대한 부정적인 인식을 갖기 전에 미리 신체 변화가 일어날 시기와 그 이유를 명확히 알려 주자. 어른으로 커가는 모습이 부모로서 대견하고 기쁘다는 긍정적인 표현과 함께, 앞으로 1~2년이 지나면 몸에 더 많은 변화가 생긴다는 사실을 미리 알려 주자. 사춘기 초기(초등학교 3~4학년)나 가슴에서 몽우리가 생길 즈음이 좋다.

사춘기 여아는 눈에 띄게 변한 자신의 몸이 타인에게 어떻게 보일지 관심이 많다. 초경 시기는 물론 가슴 크기나 유두 색깔, 소음순의 생김새, 성장 속도, 몸무게 등 몸에서 일어나는 모든 변화에 민감하고 조금이라도 남들과 다르면 불안감을 느낀다. 어릴 때 성에 관해 대화할 시기를 놓쳤다면, 몸의 변화에 의문과 궁금증이 폭발하는 이때에 대화를 시작해도 좋다.

아이의 불안감을 줄이려면 발달 속도는 사람마다 다르고, 곧 친구들도 같은 경험을 하게 될 거라고 안심시키자. 〈괜찮아. 빠르든 늦든 누구나 같은 과정을 겪어〉, 〈세상에 똑같은 사람은 없어. 얼굴이 모두 다르듯 사람마다 자기만의 생김새가 있어〉와 같은 말로 신체 변화를 긍정적으로 이해하고 받아들이도록 해주자.

초경은 키 성장과 관련이 없다

〈초경이 빠르면 키가 안 큰다〉는 말은 흔히 초경을 부정적으로 받아들이게 하는 대표적인 말이다. 하지만 틀렸다. 여아는 8~10세를 전후로 유방 발육이 시작된다. 그 이후부터 음모가 생기고 신장과 체중이 급격히 늘어나면서 초경을 경험한다. 초경은 2차 성징의 제일 마지막 단계로 키 성장과는 관련이 없다. 보통 키 150센티미터, 몸무게 42킬로그램을 전후로 생리가 시작되고, 이후 1~2년간 키가 평균 5~8센티미터 정도 자라는데, 초경 후 언제까지 얼마나 더 크느냐는 사람마다 다르다. 키는 생리 유무보다 뼈 나이에 좌우되므로, 초경 후 10~15센티미터 이상 성장하는 아이들도 많다.

엉덩이가 둥글어지고 유방에 종종 통증을 느낀다

생리를 시작하기 2~3년 전부터 가슴에 몽우리가 만져지면서 점차 유방이 커지고 13세 정도에 성숙된 크기에 이른다. 임신과 출산을 위해 자궁이 발달하면서 골반이 커지고 엉덩이에 살이 붙는다. 가끔 가슴이 아프다며 병을 의심하는 아이들도 있지만 발육 초기에는 젖꼭지와 그 주변이 조금씩 커지면서 만질 때 통증을 느끼기도 한다. 점점 젖꼭지가 커지면서 색깔이 짙어지고 가슴에 신경이 분포되어 성적 느낌을 가질 수 있다.

여드름은 유전의 영향이 크다

테스토스테론 호르몬이 피지선을 자극하여 피지 분비량이 늘어남에 따라 피지와 각질이 모공을 막아 여드름이 생긴다. 여드름은 씻지 않아서 생기는 것이라며 놀리기도 하지만 대게 사춘기 때 생기는 여드름은 유전의 영향이 크다. 여드름으로 인한 스트레스 때문에 아이가 화장을 한다면 여드름 흉터가 남지 않도록 관리하는 게 중요하다. 손을 깨끗하게 씻고 스팀 타월을 얼굴에 얹어 모공을 연 다음 면봉이나 거즈를 이용해 여드름을 부드럽게 짜고 여드름 전용 스킨이나 수렴 화장수를 발라 모공을 닫아 주는 것이 도움이 된다.

세균 침입을 막는 털이 자라고 체취가 생긴다

유방 발달 후 성기 주변에 털이 나기 시작하면서 초경을 시작하고 겨드랑이에도 털이 생긴다. 머리카락과 달리 음모나 겨드랑이 털 혹은 남자들의 가슴 털은 남성 호르몬의 영향으로 곱슬거린다. 털은 세균의 침입으로부터 성기를 보호하고 온도와 습도를 조절하며 성교 시 남녀 피부 사이의 격렬한 마찰을 방지한다. 겨드랑이나 항문 주위에 많이 분포된 아포크린샘의 왕성한 활동으로 체취가 강해지는데, 땀이 많이 나는 여름에는 더 심해진다. 목욕을 자주 하고 속옷을 자주 갈아입어 개인 위생에 신경 써야 한다.

2   건강한 몸이
아름다운 몸

도서관에서 초등 3~4학년 정도의 여학생들이 만화책을 읽고 있다. 〈세일러문〉에 나올 법한 예쁘장한 소녀가 패션과 식사, 공공 예절 등 여성이 지켜야 할 에티켓을 설명하는 책이다. 그 책에 따르면 여자라면 안경이 아닌 렌즈를 끼고, 긴 생머리와 날씬한 몸매를 유지해야 하며 화장으로 얼굴을 예쁘게 꾸며야 한다. 사실 여성을 압박하는 이러한 사고방식은 현실에서도 크게 다르지 않다.

수업 시간에 외모에 대해 물으면 스스로를 비만이라고 생각하는 아이들이 많다. 특히 한국에서는 특정 능력을 갖춘 전문직 여성들에게 〈미모의 변호사 혹은 의사〉라는 수식어를 붙여 외모를 우선 평가한다. 전통적으로 여성은 자신의 몸을 있는 그대로 받아들이기보다 사회가 원하는 기준에 맞추려고 노력해 왔다. 대표적으로 코르셋이나 중국의 전족이 그 예이다. 여성성을 강조한 사회의 메시지는 점점 구체적이고 세분화되어 이제는 허벅지 굵기, 엉덩이 크기, 손과 발의 크기, 머릿결의 부드러운 정도, 미적으로 적당한 몸무게, 가슴 크기, 몸의 모양, 복근의 유무, 다리의 모양이나 길이 등 여성의 모든 것이 정밀 평가 대상이 되었다. 문제는 여성들이 그 기준에 맞추기 위해 시간과 노력을 들이고, 남들과 비교하면서 열등감과 자괴감을 느끼며, 사회가 원하는 몸에 대한 집착으로 신체적 건강뿐 아니라 정신까지 위협받는다는 것이다. 뚱뚱하면 뚱뚱한 대로 마르면 마른 대로 건강함을 우선으로 하며 몸의 주인으로서 살아야 하는데, 많은 사람들이 몸의 주인이 아닌 몸의 노예로 살고 있다.

몸 때문에 아이들이 불필요한 스트레스를 받는다

초등학교 고학년은 한참 성장해야 할 시기라서 충분한 영양 섭취가 필요하지만 아이들은 급식을 유치원생만큼 먹는다. 비만인 경우 많이 먹으면 〈너도 여자냐〉라는 소리를 들어야 한다. 어느 여자아이는 밖에서는 사람들을 의식해 조금 먹지만 집에서는 마음껏 먹는다고 한다.

치마형 교복도 예외가 아니다. 상하체에 달라붙는 짧은 여름용 교복은 팔뚝과 허리, 다리 굵기를 신경 쓰게 만든다. 특히 여자의 털은 불결하게 인식되어 아이들은 짧은 교복 소매 사이로 보이는 겨드랑이 털을 없애야 한다고 느낀다. 또한 치마 속이 쉽게 보여 항상 다리를 모으고 앉아야 하는 불편함도 있다. 여학생들은 학교에서조차 마음껏 활동하지 못하고 여러 가지 행동의 제약을 받는다.

가슴 크기에도 민감하다. 아이들은 서로의 가슴 크기를 비교하며 작은 가슴에 창피해하거나 큰 가슴에 위축된다. 또한 남학생들의 시선을 감당해야 하는 불편도 겪는다. 가슴의 크기가 모유의 양이나 성적 쾌감과 아무런 상관이 없는데도 빈약한 가슴은 〈껌〉이나 〈절벽〉이라는 말 등으로 비하되며 놀림감이 된다. 초등학교 때는 가슴을 잘 고정해 주는 기능성 러닝 톱을 입지만, 중학생이 되면 가슴이 커 보이거나 모양을 예쁘게 잡아 준다는 와이어나 두꺼운 패드가 장착된 브래지어를 착용하기도 한다. 이런 브래지어는 체형에 맞지 않으면 가슴을 압박해 소화 불량을 일으키고 발육에도 악영향을 준다는 연구가 있다. 하지만 아이들은 큰 가슴이 더 선호된다는 이유로 불편함이나 위험을 감수한다.

유럽 여행 중 거리에서 만난 여자들의 절반 가량은 브래지어를 하고 있지 않아서 놀란 적이 있다. 더 놀라운 건 브래지어를 하지 않은 여자의 가슴을 누구도 성적 대상으로 보지 않는다는 사실이다. 미국에 사는 지인도 딸들은 브래지어를 하지 않으며 회사 직원들 역시 마찬가지라고 한다. 화장도 개인의 선택일 뿐 출근을 위해 화장을 해야 하는 사회적 압박은 없다고 한다.

탈코르셋 운동은 브래지어를 벗자는 단순한 행동 지침이 아닌, 여성을 성적인 대상으로 보는 시각에 반대하고 자신의 몸에 대한 권리를 되찾자는 운동이다. 몸에 가하는 억압과 통제를 비판적으로 보고 그러한 인식을 확장하자는 것이다. 즉 여성을 규제했던 틀, 코르셋이 더 이상 예의가 아닌 개인의 선택이 되어야 한다.

에티켓이라는 이름으로 여성을 억압하고 규제해 온 환경부터 바꿔야한다. 다이어트나 여성스러운 복장, 제모를 신경 쓰기보다 건강하게 먹고, 개성 있게 입으며, 어디서든 편안하게 활동할 수 있는 사회가 되어야한다. 누군가에게 보이는 〈나〉가 아닌, 있는 그대로의 〈나〉를 받아들이고 사랑하는 것이 중요하다. 건강한 몸이 아름다운 몸이라는 사실을 딸들에게 일깨워 주자.

3   외모에 집착하는 아이들

초등학교 4학년 이상만 되어도 외모 때문에 고민이라는 아이들이 한 반에 3분의 1을 차지한다. 2015년 영국 아동 단체 더 칠드런스 소사이어티가 요크 대학교와 협력하여 전 세계 15개국의 8~18세 아동과 청소년 5만 2천 명을 조사한 결과, 한국 아이들의 신체 만족도가 최하위를 기록했다. 사춘기 때의 신체에 대한 만족도는 자아 존중감과 친구 관계, 사회성을 키우는 데 있어서 중요한 역할을 한다.

부모의 한마디가 아이를 열등감에 빠뜨린다

사춘기에 들어서면서 유난히 여성에게만 요구되는 외모 기준 때문에 여자아이들은 쉽게 열등감에 사로잡힌다. 딸은 사춘기가 되자 주변의 친구들과 자신의 외모를 비교하며 자존감이 흔들리곤 했다. 〈피부가 까맣다, 뚱뚱하다, 코가 낮다〉는 등, 자신의 모습에 불만을 느끼며 사람들이 말하는 기준에 맞추려고 노력했다. 점점 거울을 들여다보는 시간이 늘고 다이어트는 물론 머리를 길게 기르고 화장을 하면서 외모에 집중했다.

외모 비교나 평가는 자존감 하락으로 이어진다. 부모가 딸을 위한다며 〈여자는 예뻐야 한다. 여자는 뚱뚱하면 안 된다〉라는 말들을 쉽게 내뱉는 동안 딸들은 열등감에 시달린다. 〈외모에 대한 관심〉이 남성과는 다른 여성의 특성이라 할 수 있지만, 남성 중심의 문화와 사회 속에서 여성은 끊임없이 외모의 중요성을 강요받는다. 아름다움이 선과 악, 참과 거짓처럼 판단의 대상이 된 것이다.

이제 한국도 획일적인 미의 기준이 바뀌고 있다. 「뉴욕 타임스」 칼럼니스트인 윌리엄 새파이어는 인류가 지양해야 할 차별적 요소로 인종, 성별, 종교, 이념 외에 외모를 들었다.

외모를 평가하는 말들이 미의 기준을 획일화하고 차별을 조장한다. 미디어가 만든 〈표준 몸매와 외모〉를 잣대로 타인의 몸을 평가하거나 비난하는 건 바람직하지 않다. 칭찬도 외모에 대한 평가가 된다. 친근감의 표시로 흔히 말하는 〈오늘 날씬해 보이네〉, 〈예뻐 보이네〉 등의 칭찬이 불편하다는 사람들도 있는데, 외출할 때마다 옷차림과 화장에 신경을 쓰게 되기 때문이라고 한다. 언니랑 같이 있기 싫다는 한 여학생은 그 이유가 언니가 본인보다 예쁘기 때문이었다. 집에서도 밖에서도 언니가 예쁘다는 말을 듣다 보니 옆에 있는 자신도 언니처럼 예뻐야 한다는 강박이 생겼다고 한다. 이렇듯 어른들이 쉽게 내뱉는 외모 칭찬은 아이들에게 외모가 중요하다고 말하는 것과 같다. 외모에 대한 평가는 또 다른 주변 사람과의 비교를 의미하는 것으로 외모에 대한 비난과 칭찬은 모두 아이들에게 열등감을 줄 수 있다. 어느 누구도 몸을 평가하게 두어서는 안 된다. 바꿔야 할 것은 외모가 아닌 사회의 시선이다.

여학생에게 〈여성화〉를 강요하면 IQ가 떨어진다

미국의 사회운동가이자 작가인 나오미 울프는 저서 『무엇이 아름다움을 강요하는가』에서 여성이 칼로리 계산과 섹시한 입술을 그리는 데 공들였던 시간을 모험과 지식 탐구에 썼더라면 아름다움이라는 강박에서 더 자유로웠을 것이라고 말했다. 결국 무엇을 하며 시간을 보냈느냐가 그 사람을 만든다. 미국의 심리 치료 전문가 메리 파이퍼는 〈여학생들은 여성화가 될 때 IQ가 떨어진다〉고 했다. 여성다움이라는 수동적인 성 역할에만 그치면 성취도가 떨어진다는 것이다.

어떤 모습의 딸을 원하는가? 여자는 예쁘고 날씬해야 한다며 보이는 것을 중요하게 생각하는 부모는 아닐까? 외모는 능력이 아닌 모두 다르게 태어난 다양한 사람 모양 중 하나일 뿐이다. 물론 사회의 기준을 거스르기가 쉽지는 않지만 〈너는 그 자체로 아름답고 매력적인 아이야〉라는 말 한마디에 딸은 자신의 장점을 찾아 멋진 여성으로 성장하게 될 것이다. 딸이 외모의 평가에서 벗어나게 하자. 딸이 거울이 아닌 창밖의 세상을 보게 하자.

4 정확한 이름이 있는 성기

아들 가진 엄마들은 아이의 기저귀를 갈거나 씻길 때 누가 보든 상관없다는 듯 거침없이 행동하지만 딸 가진 엄마들은 누가 볼세라 조심스럽게 행동한다. 태어날 때부터 여성의 성기는 드러내서는 안 되는 비밀스러운 곳이라고 생각한다. 성에 대한 인식이 싹트는 초등학교 4학년 무렵의 여학생들은 수업 중 소변이나 생리 때문에 화장실에 가고 싶어도 머리나 배가 아프다고 둘러대곤 한다. 여성의 성을 숨겨야 하는 것으로 인식하는 문화가 성기 이름은 물론 생리 현상조차 쉽게 입에 올릴 수 없게 만들었다.

성기의 이름은 금기어가 아니다

다른 신체 기관과 마찬가지로 몸의 일부인 성기는 왜 이렇게 푸대접을 받을까? 앞서 성의 역사에서도 언급했듯이 원인은 성 문화에서 찾을 수 있다. 중세 철학자 성 아우구스티누스는 성을 죄악시하고 성기를 불쾌하고 나쁜 것으로 여겼다. 아담이 금단의 열매를 먹다 들켰을 때 가장 먼저 성기를 가렸다는 이유 때문이다. 아담과 이브의 죄가 성기를 통해 그다음 세대로 대물림되었다며 더욱 성기를 죄악시했다. 근대에 들어서는 남녀의 성기를 모두 부정했던 중세와는 달리, 남성의 성기를 자랑스럽게 여기기 시작했다. 하지만 여성의 성기는 여전히 숨겨야 할 부정적인 것이었다.

쉽게 입에 올릴 수도 없는 여성의 성기는 비속어가 되거나 다른 언어로 대체되었다. 흔히 입에 담지도 못하는 여성 성기의 외부를 지칭하는 순우리말 〈보지〉의 어원은 여러 의견이 있는데 걸어 다닐 때 감춰진다는 뜻에서 걸음 보(步)에 갈 지(之)가 붙어서 만들어졌다는 설도 있고, 근(根)을 뜻하는 〈본〉에서 파생된 것이라는 말도 있다. 그러나 지금은 그 의미가 왜곡되어 입에 올리기 부끄러운 비속어로 여긴다. 〈보지〉 대신 〈여성의 비밀〉이나 〈거기〉, 〈소중이〉, 〈입술〉, 〈조개〉 등 은어로 표현하고 그림에서도 생략하거나 간단한 선으로 표시되곤 한다. 여성의 성기가 은어로만 불리다 보니 은연중에 〈성〉은 부끄럽고 숨겨야 하는 것이 되었다. 또한 용어의 사용법에도 잘못된 성 인식을 부추긴다. 생식기와 성기라는 용어의 사용을 예로 들 수 있다. 이 두 단어의 차이가 무엇일까? 교과서나 책은 생식기라는 말을 많이 사용한다. 〈생식기〉는 생식 기능, 즉 임신이나 출산의 기능을 가진 존재로서의 뜻이다. 〈성기〉는 생식기의 기능에 성적 쾌락을 느끼는 기관이라는 뜻을 더해 보다 포괄적으로 쓴다. 즉 임신이나 출산을 위한 것이기도 하지만 쾌락도 느끼는 성적 기관이라는 것이다. 하지만 교과서나 책에서는 생식의 기능만 뜻하는 〈생식기〉를 더 사용하면서 그 기능을 제한한다. 성을 부끄럽게 바라보는 문화는 언어조차 제한적으로 사용하게 하고, 사람들로 하여금 성을 수치스럽게 여기게 한다. 그것은 여성에게 더욱 민감하게 적용된다.

성기는 몸의 일부일 뿐이다

이제는 여성의 성기에 이름을 찾아 주어야 한다. 〈워피안의 법칙 Whorfian Hypothesis〉이 있다. 우리가 사용하는 언어가 우리의 사고에 영향을 준다는 이론이다. 여성의 성기에 관해서도 어릴 때부터 명칭을 제대로 사용하게 하고 말할 수 있게 가르쳐야 한다. 여성 성기에 대해 긍정적인 생각을 갖고 소중히 할 수 있는 인식을 기르기 위해서이다. 아이의 기저귀를 갈 때 혹은 아이를 씻길 때 아이의 성기를 부모가 자랑스럽게 여기고 있다는 것을 느끼게 해야 한다. 그리고 딸이 자신 혹은 다른 사람의 성기에 관심을 보이거나 유심히 관찰하려고 하면 그때가 정확한 용어를 사용하여 설명해 줄 때이다.

여성의 성기를 지칭하는 명칭에 익숙하지 않으면 드러내 놓고 말하기가 어렵다. 보건 교사인 나조차도 음란한 단어로만 여겨지는 음부나 보지 등의 단어를 사용하는 것이 처음에는 쉽지 않았다. 그러나 「버자이너 모놀로그」(〈보지의 독백〉이라는 뜻)라는 연극을 보면서 성에 관한 단어에 덧씌워진 고정 관념을 깰 수 있었다. 무대에 선 여배우가 쩌렁쩌렁 울리는 큰 목소리로 〈보지〉를 외쳤다. 처음에는 한 번도 입 밖에 내보지 못했던 단어라 당황스럽기도 하고 어색해서 입 안에서만 맴돌았다. 그러나 그동안 가졌던 부정적 감정을 빼고 보니 낯설던 단어가 어느새 익숙해졌고 입 밖으로 꺼내면서부터 수치심과 은밀함이 사라졌다.

수업 시간에도 마찬가지로 아이들에게 여성 성기의 이름과 기능을 알려 주고, 자신의 신체를 그리면서 해당 부위의 명칭을 적게 했다. 처음에 아이들은 성기 이름은 빼고 적거나 명칭을 읽어 보라고 하면 어색해 했다. 팔, 다리, 어깨, 눈, 코, 입 등은 자연스럽게 그리거나 말하고 쓰면서 왜 가장 중요하다고 생각하는 성기에 대해서는 그러지 못할까? 〈자신이 태어난 곳이고, 나중에 아이를 만드는 곳이며, 사랑하는 사람과 기쁨을 나누는 소중한 곳인데 왜 성기는 부끄럽고 숨겨야 하며 불결한 곳이 되었을까?〉라고 물으면 아이들은 한 번도 생각해 본 적이 없으니 대답을 못한다. 하지만 성기도 신체의 다른 부위와 마찬가지로 몸의 일부라는 생각을 가지면 그동안 가졌던 성기에 대한 부끄러움과 수치심을 빼고 성기를 제대로 부를 수 있게 된다. 몸의 다른 기관과 마찬가지로 평범하면서도 삶에 꼭 필요한 소중한 곳으로 받아들이며 진지하게 살피기 시작한다.

나는 아이들에게 집에 혼자 있을 때 자신의 성기가 어떻게 생겼는지 거울에 비쳐 보라고 권유하기도 한다. 남성과 달리 여성은 양다리를 벌리지 않으면 성기가 보이지 않는다. 다리 사이로 거울을 비추는 방법이 처음에는 조금 이상하게 느껴져도 자신의 성기의 소중함을 깨달은 아이들은 그 모습을 궁금해하고 살펴볼 수 있다.

딸과 함께 여성 성기를 공부하자

성기는 임신과 출산뿐 아니라 성적 즐거움을 주는 곳이기도 하다. 하지만 그 중요도에 비해 오랜 세월 냉대를 받아 왔다. 이제라도 제 이름을 찾아 주고 그 모양과 역할을 아이들에게 정확히 알려 주어 그 중요한 역할에 걸맞은 대우를 해야 한다.

음부 여성 성기 전체를 음부라고 한다. 바깥에 보이는 외부 생식기에는 대음순, 소음순, 음핵이 있고, 보이지 않는 몸 안의 내부 생식기는 좌우 한 쌍의 난소와 난관, 한 개의 자궁과 질로 구성된다.

대음순 항문 앞에 있는 부드럽고 주름 잡힌 피하 지방의 피부로, 요도와 질 입구(질구), 소음순을 부드럽게 감싸면서 보호하는 역할을 한다. 땀샘과 분비샘이 있어서 독특한 냄새가 나기도 한다. 나이가 들수록 색소 침착으로 갈색이 되며 사람마다 피부색이 다르듯 모두 색깔의 짙고

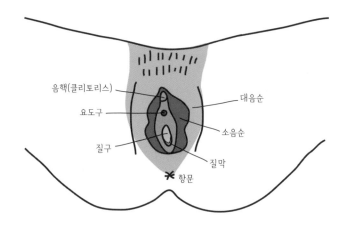

음핵(클리토리스)
요도구
질구
대음순
소음순
질막
✳ 항문

옅음이 다르다.

소음순 대음순을 잡고 벌리면 두 겹으로 갈라진 작은 주름이 보이는데 이것이 소음순이다. 어릴 때는 찾아볼 수 없다가 사춘기를 지나면서 사람마다 다른 모양의 주름이 잡히고 색깔도 짙어진다.

질구 요도구 밑에 있는 질의 입구로, 부드러운 피부 조직으로 이루어져 있다. 태아의 머리가 나올 정도로 탄력성과 유연성이 있는 피부이다. 질 안의 질 벽은 주름이 많아서 태아의 머리는 물론 성교 시 음경이 통과할 만큼 신축성이 좋다. 여성 호르몬 분비가 부족한 청소년기에 이물질의 침입이나 세균 감염으로부터 자궁을 보호한다.

질막 질구의 조금 안쪽에 있으면서 질구 안쪽을 감싸는 피부 조직이다.

도넛 모양이나 초승달 모양 등 사람마다 질막의 형태는 다양하다. 질막을 거쳐 생리혈이 나오고 탐폰(삽입식 생리대)도 넣는다. 질막은 처녀막이라는 잘못된 용어로 불리며, 막처럼 덮여 있어 흔히 성관계의 유무를 알 수 있다는 오해를 받는다. 하지만 질막은 질구를 안쪽으로 감싸는 탄력이 있는 피부 조직일 뿐이며, 사람의 생김새가 모두 다른 것처럼 질막의 생김새도 모두 다르다. 아예 질막이 없는 사람도 있다. 그리고 질막이 막혀 있다면 수술을 받아야 한다. 하지만 그런 경우는 매우 드물다. 또한 상처가 생길지라도 다른 피부와 마찬가지로 다시 아문다.

음핵(클리토리스) 소음순에 의해 덮여 있으며 남성의 귀두와 같은 역할을 하며 돌기 모양이다. 사람마다 크기와 형태가 달라 보이지 않을 만큼 작기도 하고 음경처럼 손가락만 한 경우도 있다. 클리토리스는 그리스어로 〈숨어 있는 것〉, 〈열쇠〉를 뜻한다. 겉으로는 매우 작아 보이지만 이는 빙산의 일각일 뿐이다. 음핵의 길이는 10센티미터 정도이고, 모양은 양쪽에 다리가 있는 시옷 형태이다. 우리 눈에 보이는 부분은 음핵의 상측 부위로 약 0.5~1.5센티미터 정도로만 드러나 있다. 성교 시 흥분하면 음핵의 전체가 부풀어 오르면서 성적 흥분을 느낀다. 이 음핵은 가장 민감한 성감대이다.

5 생명을 만드는 소중한 월경

초등학교 6학년이 끝나 갈 무렵 배 아래에 묵직한 느낌이 들면서 끈끈한 뭔가가 팬티를 적시는 느낌이 들었다. 막연하게 〈생리가 시작되는 건가?〉 했지만 가족들에게 알리지는 않았다. 피 묻은 팬티와 바지를 방구석에 숨기고 서랍 깊은 곳에 준비해 둔 생리대와 빨간 생리 팬티를 꺼내 혼자서 사태를 수습했다. 나도 모르게 생리는 은밀히 처리해야 한다는 암묵적인 약속에 동참했던 어릴 적의 기억이다.

생리를 임신 실패로 묘사한 건 남자들이다

왜 생리(월경)는 창피한 것이고 감춰야 한다고 생각할까? 생리는 기침이나 방귀, 남성의 몽정처럼 자연스러운 생리 현상일 뿐이다. 사실 〈피〉는 사람에 따라 혐오스러운 이미지를 가질 수도 있고, 성스러운 이미지를 가질 수도 있다. 고대 그리스에서는 피를 신성시하면서 생리를 숭배하고 육체에서 일어나는 초자연적인 현상으로 여겼다. 폴리네시아어로 생리를 뜻하는 〈타푸tapua〉에는 〈성스러운 것〉이라는 의미도 있다. 그러나 금기를 뜻하는 〈터부taboo〉로 의미가 달리 해석되면서 생리는 혐오의 옷을 입게 되었다.

19세기에는 여성이 남성보다 유전적으로 열등하다는 과학적 근거를 생리에서 찾았다. 1874년, 의사 에드워드 클라크는 『교육에서의 성』에서 여성이 대학에 다닐 수 없는 이유는 생리할 때 뇌의 피를 다 써버리기 때문이라고 주장했다. 영문학 박사 케티 콘보이의 『여성의 몸, 어떻게 읽을 것인가?』에서는 생리를 임신되지 못한 난자가 버려지는 임신 실패이자 〈잘못된 생산〉, 붕괴, 퇴화로 묘사했던 역사 속 남성 의학자들을 예로 들며 여성의 몸에 대한 남성의 사고 방식을 보여 줬다. 이러한 인식은 남성 중심 사회가 지속되는 동안 쉽게 바뀌지 않았고 여성의 생리적 현상은 저평가될 수밖에 없었다.

저널리스트 글로리아 스타이넘은 『남자가 월경을 한다면』에서 남성이 월경(생리)을 할 경우 세상은 다음과 같이 바뀌게 될 거라고 말했다. 〈월경은 부끄러운 것이 아닌 자랑스러운 현상으로 월경이라는 말은 일상에서 공공연하게 쓰인다. 초경을 맞이한 소년들은 이제야 남자가 되었다며 좋아하고 월경은 남자들만이 누릴 수 있는 권리이자 권위의 표상이 된다. 정치가들은 인력 손실을 줄이기 위해 생리통 연구소를 차려 연구를 진행하게 될 것이다.〉 이는 사회가 어떤 가치를 가지느냐에 따라 여성의 생리 현상이 남성의 그것과 동등한 가치를 가질 수 있다는 사실을 역설적으로 표현했다.

초경 교육은 가슴 발육이 시작될 때 하자

이때 자신의 의지와 상관없이 몸에서 일어나는 변화를 두려워 하지 않고 기쁘게 받아들이도록 해주자. 특히 생리를 시작한다는 것은 건강하게 잘 자라고 있다는 증거이자 생명을 만들 수 있는 몸이 되었다는 것이므로 여성의 역할에 대해 자부심을 가질 수 있게 해야 한다. 이때 엄마와 아빠는 물론 가족 구성원 모두의 축하가 생리를 자연스럽게 받아들이는 데 도움이 된다. 딸이 오빠나 남동생의 놀림이 되지 않도록 남자 형제에게도 드러내고 생리에 대해 이해할 수 있도록 교육하면 좋다. 제대로 교육받은 남학생들은 여학생을 놀리지 않고 존중하는 태도를 가진다.

다행히 요즘에는 생리를 〈불결하고 부끄러운 것〉이 아닌 신체의 자연스러운 현상으로 받아들이고 있다. 미국의 한 인형 회사는 인형이 쓰는 생리대 키트를 출시했고 뉴욕 시의회는 생리대를 생활필수품으로 인정하여 각 공립 학교 화장실에서 무상으로 제공하게 했다. 생리는 단순히 개인적인 경험이 아닌 생명을 만드는 일로, 인류를 이어 가는 소중한 현상이다. 여성이 생리로 인한 불편함을 최소화할 수 있도록 국가적 차원의 관심을 기울이는 것은 당연하다.

6 딸과 함께 생리 배우기

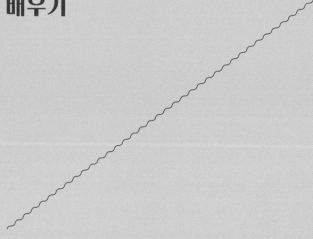

아이들에게 초경의 경험을 물으면 다음과 같이 말한다.

「진한 갈색의 진득한 액체가 팬티에 묻어 있었어요. 좀 불안하고 무서웠어요.」

「엄마는 축하한다는데 뭔가 찝찝하기만 했어요.」

「아랫배가 계속 찌릿찌릿했어요.」

「하굣길에 팬티에 묻은 검은 갈색 액체를 어떻게 처리해야 할지 몰라 겁이 났어요.」

처음 경험은 당황스럽고 두렵기 마련이다. 하지만 과학적인 관점에서 생리에 대해 미리 알아 두면 아이는 초경, 생리를 자연스러운 현상으로 이해하고 받아들인다.

사춘기 초기 증상으로는 가슴에 멍울이 생기는 것을 비롯해 에스트로
겐이라는 여성 호르몬의 영향으로 하루도 빠짐없이 팬티에 냉이 묻어 나
온다. 냉은 질 분비물이라고도 하며, 질 점막을 촉촉하게 유지하고 세균
감염을 예방한다. 하루 동안 티스푼 한 개 정도의 양이 나온다. 보통은
묽은 액체 형태를 띠고 배란 직전에는 계란 흰자처럼 투명하고 찐득하
다. 냉은 냄새가 없으며 속옷에 희뿌옇고 투명한 형태의 흔적을 남긴다.
한 여름에는 질 안을 보호해 주는 젖산과 땀, 소변이 냉과 섞이면서 독특
한 냄새를 내기도 하지만 건강한 성기라면 누구나 약간의 냄새가 난다.

냉이 나온 후 12~19개월 뒤 초경을 한다. 초경을 시작할 때가 되면 냉
분비물이 많아지면서 냉 일부가 갈색으로 변한다. 냉이 나온 후 생리 시
작까지는 아이들마다 개인차가 있으며, 갈색 분비물이 나오고 한참 뒤에
야 생리를 시작하는 아이도 있다. 대부분 갈색 분비물이 속옷에 묻고 음
모가 나기 시작하면 몇 달 안에 초경을 경험한다. 냉이 나오기 시작하면
미리 생리대와 팬티라이너를 사용할 수 있도록 지도해 주고, 성기 청결을
유지하는 법을 구체적으로 가르쳐야 한다.

초경은 누구나 의연하게 맞이할 수 있다

처음 하는 생리를 초경이라 하며, 초경하기 전 3~6개월 전부터 냉의 양

이 증가하고 가슴이 커지면서 음모가 생긴다. 생리 초기에는 혈액 양도 적고 기간도 불규칙하다. 갑자기 생리를 시작해도 놀라지 않도록 평상시 초경을 맞이할 준비를 해두어야 의연하게 대처할 수 있다. 딸에게 생리를 긍정적인 성장의 과정이라고 말해 주자.

생리를 한다는 것은 여성이라는 증거이다. 〈한 달이 지날 때마다 일어나는 현상〉이라는 의미로 달 월, 지날 경을 써서 월경(月經)이라고도 부른다. 뇌는 몸속 체지방율이 17퍼센트 이상에 이르면 여성으로서 준비가 되었다고 인식하여 뇌하수체에서 〈호르몬〉을 내보내는데 이때 초경이 시작된다. 초경은 아랫배가 살살 아프면서(통증이 없기도 하다) 피가 나온다. 피는 갑자기 한 번에 확 나오는 것이 아니라 속옷을 조금 적시는 기분으로 나오므로 뭔가 이상한 기분이 들면 화장실에서 확인 후 대처하면 된다.

딸과 함께 생리를 공부해 보자

난소에서 자란 수백만 개의 난자 중 가장 성숙된 난자가 매월 하나씩 배출되는데 이를 배란이라고 한다. 배란된 난자는 자궁 내 세포들의 섬모 운동으로 인해 나팔관으로 이동한다. 이즈음 자궁벽에 주름이 생기고 자궁의 두께가 생리 끝난 직후에 비해 5배에서 10배로 두꺼워지며 임신을 준비한다. 임신은 배란기 때 남자와의 성관계를 통해 정자와 만나야만 가능하다. 정자와 난자가 만나지 못해 수정이 되지 않으면 다음 생리 준비

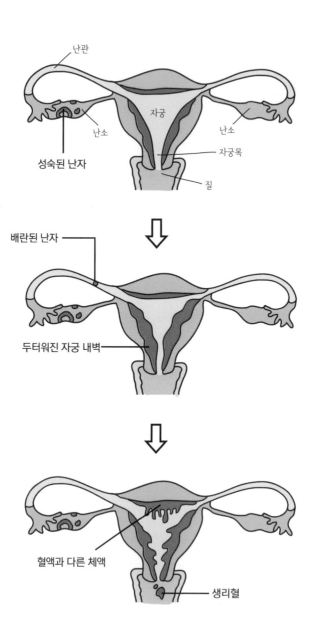

를 위해서 자궁 내막이 수축하면서 출혈과 함께 난자가 몸 밖으로 배출된다. 이것이 생리다. 생리가 끝나고 약 14일이 지나면 다시 배란이 이루어지며, 통상 다음 생리 14일 전후에 일어난다. 배란된 난자는 만 24시간 내에서만 수정이 가능하고 사정된 정자의 질 내 생존 기간은 3~5일이다. 결국 배란 5일 전부터 배란 다음 6일간까지 임신이 가능한 셈이다. 사춘기에 시작해 40세 후반의 완경이 될 때까지 생리는 지속된다.

난소 여성 호르몬을 분비하여 좌우 번갈아 가며 한 달에 한 번 성숙된 난자를 배출(배란)한다.

난관 난소에서 배란된 난자가 자궁으로 이동하는 통로이며 난자와 정자가 만나 수정이 이루어지는 곳이다.

자궁(포궁) 여자의 배꼽 아랫부분에 위치하며 자기 주먹만 한 크기이다. 평상시에는 아기 낳을 준비를 위해 자궁 내막을 증식한다.

자궁목 질과 자궁 입구를 연결해 주는 곳으로 자궁을 외부로부터 보호하는 문이다.

질 자궁과 외부 생식기를 연결하는 통로로 근육과 막으로 이루어진다.

생리 수첩으로 생리 주기를 파악해 보자

생리가 시작된 첫날부터 다음 생리 전날까지를 생리 주기라고 한다. 평균 생리 주기는 24~35일이며 사람마다 조금씩 다르다. 생리가 있은 후 배란이 빨리 일어나면 다음 생리도 비교적 빠르고, 생리 후 배란이 늦으면 그만큼 다음 생리도 늦는다. 한번 시작된 생리는 보통 5일 정도 지속되며, 사람에 따라 다르다. 초경부터는 안정적인 생리가 이루어지기까지 연습하는 시기를 가진다. 이때는 생리 불순이 잦고 주기와 양도 불규칙하다. 초경 후 1~2년 뒤면 주기가 안정화된다. 평상시 딸과 함께 생리 주기를 수첩에 기록하는 습관을 가지는 게 좋다.

생리 예정일에서 배란일 계산하는 법

일	월	화	수	목	금	토
D-16 배란 예정일	D-15 배란 예정일	D-14 배란일	D-13 배란 예정일	D-12 배란 예정일	D-11	D-10
D-9	D-8	D-7	D-6	D-5	D-4	D-3
D-2	D-1	D-day 생리 예정일				

생리혈은 색이 모두 다르다

초경일 때는 생리혈이 소량이다. 피와 질 점막 세포, 질 분비물이 섞인 형태이며 공기와 만나 산화되어 갈색을 띈다. 선홍색, 밝은 빨간색, 검붉은색 등 매 생리마다 색은 다를 수 있으며 자궁에 머문 시간이 길수록 색이 짙다. 생리혈 자체에는 냄새가 없지만 공기 중에 흘러나와 세균과 접촉하면서 냄새가 나므로 적당한 때에 생리대를 갈면 냄새를 줄일 수 있다. 갑자기 일어날 때 물컹하고 뭔가 한 움큼 나오는 느낌도 있을 수 있다. 의자에 앉아 있거나 누워 있는 동안 질 위쪽에 고여 있다가 응고되지 못한 채 한꺼번에 많은 형태로 나오는 것이므로 정상이다.

생리혈 양은 생각보다 적다

보통 한 번 생리를 할 때 나오는 생리혈 양은 1백~3백 cc 정도로, 종이컵 반 정도의 양이다. 그중 혈액은 30~50cc이고 나머지는 점막과 점액이다. 생리는 소변이나 대변처럼 참을 수 있는 것이 아니고 지속적으로 흐르며 4~5일 정도 배출된다. 처음 2~3일간 약간의 생리통과 함께 양이 좀 많다가, 차츰 양이 줄어들면서 일주일 내에 그친다. 보통 하루에 생리대 4~6개를 사용한다.

생리 전 증후군은 여성 75퍼센트가 경험한다

생리 전 증후군 중 하나인 생리통은 산부인과 질환 중 가장 흔한 질환 중 하나로, 초경 적응 단계인 10대에 흔하다. 아랫배가 아픈 생리통 이외에도 생리 전 증후군은 설사, 구토, 매스꺼움, 두통, 손발 붓기, 우울감, 예민함, 불안감 등 약 150개 이상의 증상이 있다. 약 75퍼센트의 여성이 이러한 증상을 경험한다. 여성의 약 40퍼센트는 진통제를 복용해 생리통을 이겨 낸다.

진통제를 많이 먹으면 내성이 생긴다는 부모의 우려로 진통제 복용을 주저하는 아이도 있다. 그러나 생리통이 심할 경우 통증을 견디지 못해 토하거나 쓰러지는 사례도 있다. 일상생활에 지장이 생길 만큼 생리통이 심하다면 진통제를 올바르게 복용하는 게 좋다.

진통제의 목적은 프로스타글란딘을 억제해 통증을 없애는 것이므로 약을 복용할 때는 프로스타글란딘으로 인해 통증이 커지기 전에 복용해야 효과를 볼 수 있다. 생리 주기가 불규칙한 아이들은 통증이 시작될 기미가 보이거나 생리혈이 비칠 때 약을 복용하면 통증이 쉽게 잡힌다. 가벼운 진통제나 진정제는 몸에 축적되지 않고 내성이 없으니 안심하고 복용해도 된다. 프로스타글란딘을 억제하는 생리통 약에는 브스코판, 이지엔, 우먼스타이레놀 등이 있다. 진통제도 개인에 따라 효과가 다르므로 자신에게 맞는 약을 기억해 두면 좋다. 4~6개월간 복용해도 생리통이 지속된다면 습관성이므로 의사와 상의해야 하며, 증상이 심할 경우 경구 피임제를 이용해 치료하기도 한다.

진통제 외에 아랫배에 따뜻한 팩을 올려 두거나 헤어드라이어로 아랫배에 따뜻한 바람을 쐬어도 통증을 줄이는 데 도움이 된다. 통증이 심하지 않을 때는 가벼운 운동과 체조로 몸을 풀어 보자. 또한 즐거운 생각은 체내에 엔도르핀이라는 천연 진통제를 생성시켜 통증을 한결 완화시킨다는 사실도 명심하자.

생리 중에는 특별한 관리가 필요하다

평소 질 속은 약산성을 유지하며 좋지 않은 균의 번식을 억제한다. 평상시에는 질과 자궁이 맞닿는 곳인 자궁목의 입구가 닫혀 있어 질 안에 균이 침입한다 해도 자궁 안으로 들어가는 일은 흔치 않다. 그러나 생리 중에는 자궁목 입구가 열리고 자궁 내막이 터지면서 질 점막이 충혈되어 있어 자극에 민감하고 저항력도 약해져 세균 감염에 노출되기 쉬우므로 더욱 청결에 유의해야 한다. 특히 생리 중 냄새를 없애거나 청결을 위한다며 세정제를 이용해 질을 세척하는 것은 오히려 질 속의 자연스러운 화학적 균형을 무너뜨려 감염에 더 약해질 수 있으므로 더 위험하다. 냄새는 생리혈 자체보다 피가 공기에 산화되면서 발생하거나, 더 활성화된 아포크린 땀샘에서 나오는 땀과 일회용 생리대의 화학 성분이 결합해 발생하는 것이며, 생리대를 오래 착용했을 때나 외음부를 씻지 않았을 때도 난다. 냄새를 줄이기 위해서 생리대는 생리 양이 적을 때도 3시간마다 갈아 주는 게 좋다.

생리 중에는 목욕이나 성관계 등을 피하고 집에서 미지근한 물로 외부 성기를 닦거나 가벼운 샤워를 한다. 팬티는 너무 끼지 않는 면 재질이 좋고 하루에 한 번 갈아입어 질의 습기가 잘 조절될 수 있도록 해주자. 항문과 질 입구가 가까워 세균이 쉽게 옮을 수 있으므로 대변을 본 뒤에는 앞에서 뒤로 닦도록 지도한다.

생리 중이라고 못 할 활동은 없다

생리를 한다고 그동안 즐기던 운동이나 놀이를 중단할 필요는 없다. 오히려 적당한 운동은 생리통 완화에 도움이 된다. 심한 활동이나 체육 수업도 탐폰과 생리대를 번갈아 사용하면 안심하고 참여할 수 있다. 활동을 하다가 생리혈이 옷에 묻었을 때는 집에 갈 때까지 웃옷으로 허리를 감싸면 된다. 이때 부모가 청결하지 못하다며 아이를 핀잔주기보다는 생리를 하는 여성이라면 생리가 쉽게 조절되는 것이 아니기에 누구나 한번쯤 겪는 일이니 부끄러워하지 말라고 안심시키고 처리할 수 있도록 도와주자. 생리혈이 묻은 부분에는 과산화수소를 붓고 찬물이나 미지근한 물로 비누를 사용해 비벼 빨면 얼룩이 없어진다. 오래된 생리혈 자국이라도 무를 갈아서 오염된 부분에 비빈 후 세탁하면 쉽게 지워진다.

현장 학습이나 야영을 갈 때 혹은 체육 시간에 생리로 활동이 어렵다면 선생님에게 사실대로 말하게 하자. 남자 교사도 평소 올바른 성교육을 받고 있어 충분히 도와줄 수 있으므로 부끄러워하지 말고 도움을 받도록 한다. 또한 중요한 시험이나 체험 활동(수영장, 야영 등)과 겹쳤을 때 피임약을 사용하여 생리 기간을 미룰 수 있다. 피임약은 임신을 예방하는 것뿐 아니라 생리 주기를 조절하는 데도 사용한다. 호르몬을 변화시켜 몸이 임신한 것처럼 착각하게 만들어 생리를 미루게 하는 것이다. 생리 예정일 1~2주 전부터 먹기 시작해 생리를 미루고 싶은 날까지 하루에 한 알씩 같은 시간에 복용하면 해야 하는 활동을 미루지 않고 자유롭게 움직일 수 있다.

7 생리로부터 자유롭기

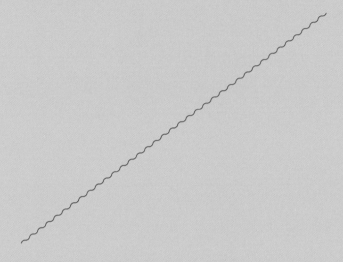

갑자기 생리가 시작되었을 때 생리대를 준비하지 못했다면 주변에 있는 티슈를 두껍게 말거나 작은 수건을 접어서 사용하면 일시적으로 도움이 된다. 초경일 때는 혈액이 팬티에 약간 묻는 정도라 생리를 눈치채지 못할 수도 있으니 생리대 하나 정도는 물휴지와 함께 휴대하는 것이 좋다. 학교에 있을 때라면 보건실로 가면 되고, 평소에는 가까운 편의점이나 슈퍼, 약국에서 생리대를 구입할 수 있다. 혼자 구입하기를 쑥스러워한다면 처음엔 엄마가 함께 가거나 인터넷 쇼핑몰에서도 구입할 수 있다. 유통 기한은 2~3년 정도이며, 기간이 지난 생리대는 질염 등을 유발하므로 기한을 확인해야 한다.

초경 연령이 낮아지면서 생리대 사용이나 사용 처리 방법에 대한 자세한 설명과 훈련이 더욱 필요하다.

생리대 크기나 사용 횟수는 상황에 따라 다르다

생리대는 두께에 따라 울트라 슬림, 슈퍼 울트라 슬림이 있다. 팬티를 감쌀 수 있는 날개형과 팬티 모양인 일반형이 있다. 생리를 처음 하는 아이들은 언제 생리대를 갈아야 할지 궁금해하는데 양이 많은 첫째 날과 둘째 날은 보통 2~3시간마다, 양이 줄어들면 3~4시간마다 갈 수 있도록 지도해 주자. 양에 따라서 생리대 크기를 선택한다. 소형(약 22센티미터), 중형(약 25센티미터), 대형(약 29센티미터)이 있다. 또한 생리혈은 잠을 잘 때도 계속 나오므로 오버나이트(약 33~43센티미터)를 잠자기 전에 착용하면 자다가 생리대를 갈기 위해 깨지 않아도 된다. 이것도 불안하다면 잘 때 작은 이불을 엉덩이 아래 깔아 피가 샐 경우를 대비해 보자.

생리대를 새 것으로 갈 때는 깨끗하고 따뜻한 물로 생식기를 씻는 게 좋지만 상황이 안 될 때는 휴지나 물휴지로 닦는다. 사용한 생리대는 새 것을 벗겨 낸 비닐에 감싸 버리거나 휴지에 돌돌 말아 쓰레기통에 버리도록 지도한다.

탐폰은 자유롭게 활동하게 한다

서구권에서는 탐폰을 대중적으로 사용하지만 한국을 포함한 아시아, 아랍 국가에서는 잘 사용하지 않는다. 부모들은 탐폰이 질막을 손상시킬 수 있고 남성 성기와 모양이 비슷해 거부감이 든다고 한다. 〈질막이 손상된다는데〉, 〈아직 애인데 질 속에 무언가를 넣는 것이 불편할 것이다〉, 〈탐폰은 쇼크가 온다던데〉 등의 오해로 적극적인 사용을 제한하기도 한다. 생리대가 여성의 일상을 제한했다면, 탐폰은 비교적 활동을 자유롭게 해준다. 생리대의 젖은 느낌과 냄새가 싫다거나 수영 등의 운동을 즐길 때 유용하다. 탐폰이 질 입구를 완전히 막지 않아 약간의 틈이 있으므로 활동량이 많거나 생리양이 많은 날은 생리혈이 샐 수 있으니 생리대를 함께 착용해 주는 게 좋다.

면 생리대는 냄새가 적고 몸에 무해하다

한 번 쓰고 버리는 일회용 생리대와 달리 천으로 된 면 생리대는 계속 빨아서 사용할 수 있다. 겉감은 부드러운 면 융단, 안감은 수건 천으로 되어 있다. 생각하는 것만큼 두껍지 않으며 팬티에 고정할 수 있도록 날개와 똑딱 단추가 달려 있다. 일회용만큼 관리가 쉽지는 않지만 한 번 익숙해지면 번거롭게 느껴지지 않는다. 면 생리대는 화학 물질이 없어 냄새가 나지 않고 화학 성분으로 인해 생기는 생리통 등의 부작용에서도 자유롭다. 쓰고 난 생리대는 겉감과 안감을 분리한 뒤 찬물에 담가 두었다가 다른 빨래들과 함께 세탁기에 빤다. 집에서 사용할 때 유용하다.

생리 컵은 경제적이고 쓰레기가 생기지 않는다

생리 컵은 작은 깔때기 모양이며 부드러운 천연 고무로 만들어져 접어서 질에 삽입해 생리혈을 받아 낸다. 12시간 동안 착용할 수 있으며 처음에는 사용법이 불편하지만 익숙해지면 경제적인 이점 때문에 계속 쓴다. 생리혈이 컵에 가득 차면 꺼내서 따라 버리고 살짝 물로 헹군 후 다시 착용한다. 사용할 때 질 길이와 크기에 맞게 사용해야 해서 먼저 자신의 질 길이를 알아야 한다. 질 안으로 손가락(중지나 검지)을 넣었을 때 손끝이 닿는 느낌이 들면 손가락을 빼고 몇 마디 정도 들어갔는지 측정한다. 손가락이 두 마디 정도 들어갔다면 보통이고 사람에 따라 길거나 짧다. 크기는 생리 양에 따라 선택하고 처음 사용할 때는 부드러운 재질부터 사용하면 좋다. 한 번 구입하면 10년 이상 반영구적으로 쓸 수 있으며, 쓰레기 배출을 안 한다는 점도 큰 장점이다.

8   같으면서 다른 남자 알기

성교육 시간에 남학생들은 여학생들의 생리 교육을 자신들이 들을 필요가 있느냐며 의아해한다. 그러나 성교육에서 가장 중요한 것은 자신의 성을 이해해야 하는 것뿐만 아니라 함께 살아가야 할 이성의 같음과 다름을 이해하고 존중하며 책임지는 법을 배우는 것이다. 남녀 간 신체적, 생리적, 사회적 공통점과 차이점을 이해하고 인정하는 평등한 관점의 교육을 위해 성교육은 남학생과 여학생을 한자리에 모아 두고 하는 것이 바람직하다.

남녀의 신체는 공통점과 차이점이 있다

유치원생이나 초등학교 1~2학년생과 함께 몸에 있는 구멍 찾기를 해 보면 남녀가 같으면서도 다르다는 것을 쉽게 이해한다. 〈우리 몸에는 몇 개의 구멍이 있을까?〉라고 질문하면 아이들은 자기 몸을 보고 만지며 구 멍을 찾기 시작한다. 눈구멍 2개, 귓구멍 2개, 콧구멍 2개, 입 구멍 1개, 소 변(정자) 구멍, 대변 구멍으로 총 9개의 구멍을 찾는다. 여기까지는 남녀 가 똑같다. 하지만 여자는 아이를 낳는 질 구멍 한 개를 포함해 총 10개 가 된다. 생식기 구조상 소변을 볼 때 남자는 서서 보는 것이 편리하며 여 자는 앉아서 보는 것이 편리하다는 것을 이야기하며 자연스럽게 그 차이 를 말할 수도 있다. 이렇게 남녀의 성기는 함께 생명을 만들고 낳을 때 필 요한 기관이며, 성기 기관의 모양과 역할이 각기 다르다는 것을 알려 줄 수 있다. 블록이나 자석이 같은 것만 있으면 결합되지 않듯 남자와 여자 의 성기도 필요에 의해 서로 다른 구조를 지닌다는 것을 이야기해 주자.

여자의 성기는 아기를 만들고 보호해야 해서 난소, 나팔관, 자궁과 질 이 주로 몸 안에 있으며, 남자의 생식기는 시원한 곳을 좋아해 고환, 음경 그 외에 정관, 음낭이 몸 밖에 있다.

음순과 음경은 원래 하나였다

남자의 생식기는 크게 음경과 고환으로 나뉜다. 남자의 음경은 여자의 음순에 해당되며, 고환은 여자 몸속에 있는 난소와 같다. 임신 8~10주 사이에 성별이 결정되는데, 남아의 경우는 남성 호르몬의 분비로 음순이 합쳐져 하나의 구조로서 음경으로 발달하게 된다. 따라서 음순과 음경은 기능은 달라도 비슷한 특성을 가진다.

고환에서 남성 호르몬이 분비되면 2차 성징이 시작된다

여자가 사춘기가 진행되듯 남자 또한 사춘기 때부터 본격적으로 생식 기능을 갖춘다. 뇌하수체에서 성선 자극 호르몬이 분비되고 고환에서 남성 호르몬이 분비되면서 변화가 일어난다. 여자보다 2년 정도 늦게 나타나며 키가 자라고, 몸무게와 근육량이 증가하고, 겨드랑이와 턱 그리고 음부에 털이 자라고, 성기가 커지고, 목소리가 굵어지는 등의 변화가 생긴다.

고환은 시원한 환경에서 정자를 만든다

난자가 성숙되는 곳이 난소라면, 고환은 정자가 성숙되는 곳이다. 고환에서 남성 호르몬인 테스토스테론과 정자가 만들어진다. 고환과 난소는 큰 차이점이 있는데, 남성의 고환은 배 밖에 있고, 여성의 난소는 배 안에 있다는 것이다. 배 안 따뜻한 환경에서 난자를 성숙시키는 난소와 달리, 고환은 시원한 환경에서 정자를 만든다. 진동과 온도 변화 등의 자극에 예민한 고환은 음낭이라는 피부 주머니에 싸여 있다. 음낭은 정자가 잘 살 수 있도록 추위와 더위에 맞춰 적절히 온도를 조절한다. 고환에는 근육과 뼈, 피하 지방 같은 보호막이 전혀 없다. 따라서 고환이 어딘가에 부딪힌다면 일반적인 피부 감각과 달리 내장 감각의 민감한 통증이 그대로 전해진다.

아기 씨인 정자는 부고환에서 머문다

나팔관이 난포 세포를 성숙된 난자로 키워 내는 곳이라면, 부고환은 고환 윗부분에 가느다란 관으로 얽혀 있는 기관으로, 정액을 만들어 내고 정자가 오랫동안 머무는 곳이다.

정자는 남자의 고환에서 만들어지는 아기 씨이다. 성숙한 정자는 올챙이와 비슷한 모양을 하고 있다. 머리, 몸통, 꼬리로 머리에는 유전자 정보가 들어 있고 꼬리 부분은 오토바이의 모터와 같아 활발히 움직인다. 산성에서는 죽고 알칼리성에서는 생명력이 강해지고 움직임이 활발해진다. 정상 체온보다 2~3도 낮은 온도에서 생성된다. 1회 사정 시 3~5cc의 정액(2~3억 마리의 정자)이 배출되는데, 정자는 너무 작아 현미경으로만 관찰된다. 정자는 사정된 후 48~72시간 생존한다.

발기된 음경은 정관을 통해 정자를 내보낸다

난관이 난자를 자궁으로 보내는 길이라면, 정관은 정자가 지나가는 길이다. 지름 약 2밀리미터, 길이는 약 30~40센티미터의 관으로, 양쪽 고환에서 하나씩 이어져 나온다.

음경은 음경과 귀두를 포함한다. 음경과 음경의 앞부분 귀두는 포피로 덮여 있고, 어릴 때는 조그만 모양이었다가 사춘기가 되면 길고 굵어진다. 완전히 성장하면 평균 7.4센티미터 정도이고 발기할 경우 11.2센티미터 정도로 변한다. 사람에 따라 굵기나 길이에 차이가 있다.

귀두는 여성의 음핵과 같은 역할을 한다

여성의 음핵이 감각 신경이 많이 분포되어 있어 중요한 성감대 역할을 한다면, 남성의 귀두는 음경 끝의 뭉툭한 부분으로 신경 말단이 많이 분포되어 있다. 성기 중 가장 예민한 곳으로 성감대 역할을 한다.

귀두구는 귀두의 끝부분 약간 아래쪽에 위치한 작은 구멍으로, 질이 생리혈이 나오는 길이듯 소변과 정액이 나오는 길이다. 성관계 시 정자를 여성의 질 안에 넣어 주는 역할을 한다.

사정과 발기는 여성의 생리와 마찬가지인 자연 현상이다

생리(월경)와 마찬가지로 남자의 생리 현상인 사정에 대해서도 알아야 한다. 13~15세가 되면 사정 능력이 생기게 되며 성적인 감각을 경험한다. 음경이 단단해지고 커지는 생리적 현상을 발기라고 한다. 이때 정액을 밖으로 배출하는 것을 사정이라고 한다. 잘 때 정액이 나오는 것을 몽정, 평상시에 정액이 나오는 것은 유정이라고 한다. 사정은 평상시 활동할 때, 소변이 마려울 때, 사정할 때, 손으로 음경을 만질 때, 성적인 그림이나 영상을 볼 때 배출되며 투명한 색에 가깝고, 끈적한 액체와 섞여 한 스푼 정도 나온다. 건강한 상태에서는 아무런 이유 없이 발기되기도 한다.

〈남자는 발기가 되면 꼭 사정해야 하며 그러지 않으면 병이 된다〉라는 속설이 있지만 이는 사실과 다르다. 사정되지 않은 정자는 몸속으로 흡수되므로 사정을 못 했다고 해서 병이 생기는 것은 아니다. 생명을 만들기 위해서 여성도 한 달에 한 번 생리를 해야 하는 불편함을 감수하듯, 남성 또한 의도치 않은 발기로 인해 곤란해지거나 성 욕구를 조절해야 하는 고충이 있다.

어릴 때는 남녀에 별 차이가 없다. 그렇게 지내던 아이들이 사춘기가 되면 몸이 변하는데, 자신의 성의 변화는 잘 알아도 상대의 성적 변화에 대해서는 잘 알지 못한다. 그러면 서로의 신체적 변화나 생리 현상에 대해 때론 오해가 되고 심할 경우 혐오와 폭력으로 이어지기도 한다. 남녀의 차이가 차별이 되거나 차별이 혐오가 되지 않도록 함께 각자의 다른 점을 알리고 이해시키는 성교육을 해야 한다.

Ⅲ 여자가 아닌 나로 살기

딸의 내면을 강화시키는 것은
부모이다

1 타고나는 여성과 길러지는 여성

나는 딸을 남성성과 여성성을 고루 갖춘 사람으로 키우고 싶었다. 그래서 이름도 중성적인 느낌으로 짓고 장난감을 고를 때도 성별을 가리지 않았다. 하지만 나의 의지와는 별개로 딸의 어릴 때 노는 모습은 천상 여자였다. 인형만 가지고 놀 뿐 로봇이나 자동차는 눈길조차 주지 않았다. 또래 엄마들에게 물어보니 다른 아이들도 크게 다르지 않았다. 엄마들은 〈여자와 남자는 하나부터 열까지 다르다〉, 〈아들과 딸은 확실히 다르게 태어난다〉, 〈딸이라 그런지 순하고 말이 빠르다〉, 〈아들이라 공격적이고 수학을 잘한다〉고들 말한다. 정말 남자와 여자의 특성은 타고나는 걸까?

선천적 차이는 호르몬과 염색체 때문이다

생물학자들은 남녀의 이러한 차이를 호르몬과 염색체 때문이라고 말한다. 가령 뇌의 구조에서 좌뇌는 언어 능력, 우뇌는 공간 지각력에 관여하는데 남성에게 많이 분비되는 테스토스테론이 우뇌를 자극해 남자가 공간 지각력이 뛰어나다는 것이다. 기자이자 저술가인 존 콜라핀토의 저서 『타고난 성, 만들어진 성』에서는 타고난 성의 영향력을 알 수 있는 사례가 나온다. 쌍둥이 형제 중 하나가 유아기 때 잘못된 시술 때문에 생식기를 잃고 성별이 여자로 바뀌게 되었는데 정신과 치료와 호르몬 치료를 병행하며 아무 문제없이 여자로 성장하는 듯 보였지만 유치원 때가 되자 어느 누구도 여자라고는 믿지 못할 만큼 과격한 행동을 보였고, 사춘기 때부터는 어깨가 벌어지는 등 남성적인 모습으로 변해 갔다고 한다.

후천적 차이는 학습과 환경 때문이다

그러나 생물학자인 리처드 도킨스는 자신의 저서 『이기적인 유전자』에서 인간은 고유한 유전자인 DNA에 사회적 영향이 더해져 〈변화된 유전자〉에 따라 생각하고 행동한다고 말한다. 즉 남자는 사냥과 전쟁을 통해 길러진 공격성이, 여자는 육아를 통해 길러진 양육 본능이 유전자화되어 그것이 후대로까지 이어졌다는 것이다. 그래서 사회 생물학자들은 환경의 영향을 많이 받는 인간의 특성상 남녀의 특징은 타고난 것이라고 단

정지을 수 없다고 말한다. 남녀가 지적, 사회적 능력에 차이가 있는 것은 성별에 따라 경험해 온 환경이 다르고 그에 따른 학습의 영향이 크기 때문이라는 것이다. 예를 들어 공간 지각 능력은 자유롭게 돌아다님으로써 계발될 수 있는데 남자는 여자에 비해 비교적 외부 활동이 자유롭기 때문에 발달할 수 있었다. 인간의 특징을 결정하는 것이 환경이냐 유전이냐는 학자들 사이에서도 여전히 뜨거운 논쟁이지만 남녀의 차이에 있어서는 유전적 영향 못지않게 사회적 영향도 크다는 것을 부정할 수는 없다.

필리핀 세부에서 1년 정도 살 기회가 있었다. 세부는 모계 사회로 남자는 집 안에서 아이를 돌보고 여자들은 밖에서 일을 한다. 관공서의 요직은 대부분 여자들이 맡고 남자들은 주로 청소나 경비 같은 보조적인 일에 종사한다. 여자를 중심으로 가정이 돌아가며 경제권이나 양육권은 물론 성적 주도권도 여자가 가진다. 성별 유전자와 관계없이 어떤 문화에 사느냐에 따라 남녀의 역할이 다르고 여성다움이나 남성다움의 기준도 다르다는 것을 알 수 있다.

여성다움과 남성다움은 학습의 결과이다

아이들은 만 2세부터 주변의 어른을 보며 남녀의 역할을 배우므로 이 시기에 어떤 사람과 주로 시간을 보내는지가 중요하다. 딸아이는 여섯 살까지 대부분의 시간을 육아 돌보미와 보냈다. 아이는 그분의 육아 방식에 따라 분홍색 원피스와 인형 놀이를 선호했다. 보통 6세까지가 성 역할 모형에 가장 민감한 시기이다. 어른이나 또래 집단, 주변의 성 문화가 아이에게 그대로 전달될 수 있다.

대부분의 부모들은 자신은 딸과 아들을 차별하지 않는다고 생각한다. 과연 그럴까? 임신 기간 동안 내가 가장 많이 들어야 했던 말은 아들인지 딸인지를 묻는 질문이었다. 임신 4개월쯤 딸이라는 것을 알았을 때 나는 인형같이 예쁘고 앙증맞은 모습을 떠올렸다. 만약 아들이었다면 씩씩하고 듬직한 모습을 떠올렸을지 모른다. 나 역시 아이가 태어나기 전부터 아들과 딸에게 기대하는 바가 달랐던 것이다. 혹시 꽃이 있다면 아들과 딸 중 누구에게 주고 싶은가? 둘 중 누구에게 더 적극적으로 도전하고 행동하라고 가르치는가? 또 누구에게 얌전하게 행동하고 조심하라고 말하는가? 사실 우리는 차별하지 않는다고 자부하면서도 실상은 아들과 딸의 역할을 구분하고, 성별에 따라 태도부터 언어와 표현까지 달리 사용한다.

돌보미 손에서 유아기를 보낸 딸은 초등학교에 들어가면서부터 나와 보내는 시간이 많아졌다. 강하게 키우고 싶은 마음에 스키와 인라인, 태권도 등 다소 경쟁적이고 위험한 운동을 가르쳤더니 차츰 적극적이고 자신감 있는 모습으로 변하는 게 느껴졌다.

남녀 간의 생물학적 차이는 인정하지만 여성다움과 남성다움은 사회로부터 학습된 결과라는 점을 간과해서는 안 된다. 우리가 생물학적 본성만으로 살아가야 한다면 교육이 설 자리가 없을 것이다. 딸의 행동을 단순히 여자라는 생물학적 특성과 연결시키기보다는 사회 문화적 관점에서 판단해야 딸의 능력을 제한하지 않고 주체적인 인간으로 키울 수 있다.

2 　사회에서 여성을 배우는 아이들

아이를 혼낼 때는 부모의 태도에 일관성이 있어야 한다고 하지만, 지키기가 쉽지 않다. 특히 딸이 〈여자의 무기〉라 불리는 눈물과 애교로 호소할 때면 부모로서 냉정함을 유지하기가 힘들다. 여자아이들이 눈물과 애교로 문제를 해결하려는 방식은 학교에서도 마찬가지이다. 남학생과 싸우던 여학생이 그 자리에서 서러운 듯 울어 버리면 남학생은 잘잘못을 논하기도 전에 교사에게 혼이 난다. 그러면 남학생은 씩씩거리며 〈여자애들은 질 것 같으면 운다〉고 억울해한다. 교사들이 여학생을 대할 때 힘들어하는 것 중 하나도 부당함을 말로 표현하지 않고 눈물로 해결하려 한다는 것이다.

딸들이 우는 이유는 생존을 위한 퇴보 전략이다

과거 우리 사회는 〈여자가 조신해야지〉, 〈애교가 있어야지〉, 〈웃는 여자가 예뻐〉라는 말이 자연스럽게 통용될 만큼 순종적이고 애교가 많은 여자를 선호해 왔다. 이런 생각이 굳어져 순종성, 감수성, 모성애, 유약함, 돌봄, 수동성, 친절과 상냥함, 연약함, 유순, 내성적, 예민함, 이해심, 의존적, 자기 연민은 모두 여성성과 관련된 단어들이 되었다.

여성학자 레이철 시먼스는 『소녀들의 심리학』에서 여자아이들은 여성다움을 중시하는 사회로부터 분노나 공격, 경쟁심, 질투심을 드러내지 않도록 사회화된다고 말했다. 그래서 자신의 욕구가 받아들여지지 않거나 무언가 바라는 것이 있을 때 분명하게 의사 표현을 하기보다 〈눈물〉, 〈애교〉, 〈삐침〉이라는 일명 3종 유아 전략을 쓰기 쉽다고 한다.

남성과 맞설 수 없는 사회에서 여성들이 터득한 일종의 생존 방법이라고 할 수 있는데 이러한 문제 해결 방식은 아이들에게서 흔히 보인다. 욕구 충족을 위해 우는 아기처럼 행동하는 것이다. 심리학적으로 가장 미숙한 방어 기제에 해당된다.

유아 돌연변이 권위자 클라이브 브롬홀은 『허드herd』에서 늑대와 개는 유전적으로 아주 비슷하지만 개는 환경에 적응하기 위해 유아적인 행동 특성을 선택하며 변화해 왔다고 설명한다. 러시아의 유전학자 드미트리 벨라예프는 야생 여우를 길들여 애완동물로 만드는 실험을 했다. 사람에 대한 공격성과 두려움이 적은 새끼들을 골라 네 세대에 걸쳐 번식시킨

결과, 여우는 강아지처럼 사람을 잘 따르는 것은 물론 먼저 만져 달라고 조르는 행동까지 보였다고 한다. 귀와 꼬리도 개처럼 동그랗게 바뀌는 등 환경이 형태까지 바꿔 놓았다. 잦은 전쟁으로 힘을 중시하던 인류의 오랜 역사 속에서 여성은 자신보다 강한 상대에게 맞서기보다 퇴보 전략을 선택해 왔는지도 모른다.

장차 사회에 나갈 우리의 딸들은 생각과 감정을 똑똑히 말할 수 있는 성숙한 문제 해결 방식을 배워야 한다. 〈공주답게 조용히 있으라〉는 말을 무시하고 용기 있는 행동을 보여 준 「겨울왕국」의 엘사나 더 이상 침묵하지 않겠다는 「알라딘」의 자스민처럼 말이다. 나는 딸이 3종 유아 전략을 펼치려 할 때 협상 테이블에 앉지 않았다. 딸이 한 사람의 인격체로서 자신의 생각을 말할 수 있을 때에야 비로소 대화를 시작했다. 원하는 것을 논리적으로 설득할 수 있어야 한다는 것을 일깨우려고 했다.

딸들이 더 이상 울음으로 문제를 해결하지 않도록, 자신의 생각과 욕구를 제대로 말하도록 격려해 주자.

3   남자가 바라본 사회, 여자가 바라본 사회

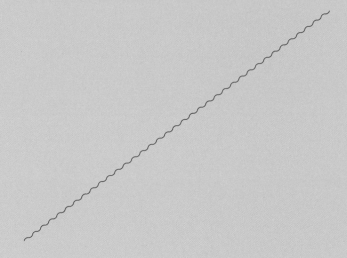

BBC에서 방영된 신에 관한 다큐멘터리 「여성 혁명, 그녀들의 이야기」를 본 적이 있다. 그중 〈종교 투쟁〉 편은 〈신들은 왜 남성의 모습으로만 있는 것일까?〉라는 질문으로 시작한다. 신이 남자의 모습을 하고 있었다는 것을 의식해 본 일이 없던 터라 집중해서 보게 되었다. 기독교, 불교, 이슬람교 등 대부분의 종교에서 신은 남성의 모습이다. 물론 고대에는 여신이라는 개념이 있었지만 세상을 창조한 신도 남성의 모습이고 이에 대한 서사를 다룬 종교나 신화에서도 주인공은 남성이다.

가톨릭에서 수녀는 신부가 될 수 없다

종교에도 계급 사회가 존재한다는 것을 깨달은 적이 있다. 대학 때 가톨릭 재단에서 운영하는 병원으로 실습을 나갔는데 간호사는 물론 행정실이나 매점에서 일하는 사람 대부분이 수녀였다. 다소 친분이 생긴 수녀에게 그 이유를 물었더니 사회에서 가졌던 직업이 수녀원에서도 그대로 유지된다는 것이다. 게다가 아무리 능력이 있는 수녀라고 해도 절대로 신부가 될 수 없는 엄격한 계급 사회라고 말했다. 가부장적인 사회는 종교도 예외가 아니었다. 신부와 수녀, 비구니와 스님으로 계급을 나누고 여성 종교인의 기회를 제한한다.

과학이 성 고정 관념을 만들어 왔다

한번쯤은 난자와 정자가 수정하는 영상을 본 적이 있을 것이다. 일반적으로 정자는 활발하게 움직이며 난자를 찾아가지만 난자는 그저 정자를 기다리는 모습으로 표현된다. 인류학자 에밀리 마틴은 이런 장면이 문제가 있다고 봤다. 20세기에 출판된 대부분의 생물학 책들이 남성 중심적 과학관에 입각해 수정을 설명하고 있다는 것이다. 그녀는 「난자와 정자The Egg and Sperm」에서 정자는 난자의 협조를 받아야만 수정에 성공할 수 있다며 난자를 수동적인 존재로 보는 것에 반론을 제기했다. 난자를 둘러싸고 있는 난자액에서 정자가 자기에게 잘 도착할 수 있도록 화학적 신호를 보낸다는 것이다. 즉 수정은 난자와 정자의 적극적인 상호 작용의 결과라는 말이다. 적극적으로 선택하는 수컷과 수동적으로 선택 당하는 암컷이라는 성 고정 관념이 과학에도 고스란히 반영되었다는 것을 알 수 있다.

미국의 과학 월간지 『사이언티픽 아메리칸』은 〈섹스와 젠더의 새로운 과학〉이라는 주제로 그동안 과학계에서 일어나고 있는 섹스(생물학적 성)와 젠더(사회적 성)에 관한 패러다임을 다루었다. 사람들이 남녀의 차이를 너무 당연하게 생각하게 된 데에는 과학이 큰 역할을 했는데, 특히 진화 심리학과 뇌 과학이 여러 측면에서 남녀의 행동 차이를 설명하면서 남녀의 전형을 구축해 왔다는 것이다.

역사적으로 정치, 문화, 경제의 주체는 남성이었다. 남성이 주축이 되어 온 세상에서 우리가 가지는 성에 대한 관점은 누구에게서 나왔을까? 여성의 생각이나 행동을 판단하는 기준은 어떻게 만들어졌을까? 소설이나 미술, 역사책에 나오는 여자는 누구의 시선으로 묘사되었을까?

2015년 『네이처』에 발표된 한 논문에 의하면 남성과 여성의 유전적 차이는 약 1퍼센트라고 한다. 남자와 여자, 생식기 외에 무엇이 다를까? 딸들이 더 나은 세상에서 살아가길 희망한다면 내가 가진 성 지식이나 성 가치관은 누구에게서 나온 것인지 생각해 봐야 한다.

4 친구가
세상의 전부가 되는
소녀들

사춘기가 되면 엄마 앞에서는 입을 꾹 다물던 아이도 친구를 만나면 언제 그랬냐는 듯 종일 수다를 떤다. 심지어 방금 헤어지고도 집에 와서 전화나 카톡으로 대화를 이어 간다. 나 또한 학창 시절을 떠올려 보면 친구와 무슨 할 말이 그렇게 많았는지 서로의 일기장까지 공유하던 기억이 난다. 기쁠 때나 슬플 때나 함께 어울려 다니며 강한 결속감을 다지던 시기였다. 아이들에게 친구는 부모 다음으로 중요한 존재이다. 아이가 학교 가기 싫다며 어두운 얼굴을 하고 있다면 친구 관계에 문제가 생겼을 가능성이 있다.

딸들에게 친구란 생명이다

여중생들은 새 학기가 되면 함께 점심 먹을 친구를 찾는 것이 가장 큰 고민이다. 의아하게 들리겠지만 누구와 함께 밥을 먹느냐가 이들에겐 매우 중요한 문제이다. 딸들은 같이 먹을 친구가 없을 때는 수많은 학생들이 모인 급식실에서 그 소외감과 수치심을 감당하느니 차라리 굶는 것을 택한다. 따돌림을 당하는 것은 딸들에게 죽음과도 같다. 이런 불행의 주인공이 되지 않기 위해 화장실도 몰려다니며 끼리끼리 뭉치고 적극적으로 친구들을 만들어 우정을 키우려고 한다.

학교에서 본격적으로 집단생활을 시작한 사춘기 아이들은 자기들끼리 새로운 무리를 만든다. 자기 마음을 가장 잘 아는 사람은 부모가 아닌 친구라고 여기고, 자기가 속한 집단의 태도, 취미, 생활 방식 등을 맹목적으로 따른다. 친구 무리에서 자신의 가치를 확인해야 안정감을 느낀다.

또래와 동일해지는 것이 아이들의 생존 전략이다

남학생은 능력(성적)으로만 평가받지만 여학생은 여성성(외모, 여성적 행동)에 대한 평가가 더해진다. 교사나 남학생에게 평가를 받는 위치에 놓인 여학생들은 친구와 동일하게 되기를 욕망하거나, 오히려 반대로 친구를 경쟁 상대로 여기기도 한다. 낮아진 자존감은 자기를 높이기보다 다른 친구를 깎아내리면서까지 경쟁에서 우위를 차지하게 한다. 또래 집단을 만들어 자신들이 생각하는 가치에 위배되는 친구들을 따돌리고 조롱하는 공격적인 태도를 보이기도 한다. 즉 못생기거나 뚱뚱하거나 유행에 뒤쳐지는 아이, 잘난 척하는 아이들을 무시하고 따돌림으로써 자신이 속한 집단의 우월성과 존재감을 드러낸다. 여학생들은 어느 그룹에라도 끼지 않으면 도태되거나 왕따가 된다는 불안감을 느끼며 또래 집단이 원하는 모습이 되려고 한다. 자신의 장점을 이야기하는 것도 잘난 척으로 오해받기 쉬워 외모가 좋거나 인기 있는 아이들도 질투나 따돌림의 대상이 되지 않으려고 최대한 자신을 낮춘다. 외모나 성격 중에서 뭐 하나라도 단점을 찾아내 살이 찌지 않았는데도 살이 쪘다고 말하거나 스스로를 비하하며 동질감을 느끼려 한다. 동시에 또래에서 유행하는 최신 브랜드 옷이나 신발을 구입해 뒤쳐지지 않으려 노력하며 친분을 유지한다.

그러나 이런 우여곡절을 거치며 또래 집단에서 잘 지내다가도 어느 순간 시기와 모함을 당하는 경우가 종종 발생한다. 여학생들의 특성상 친구와 마음을 털어놓고 지내는 경우가 많은데 자기만의 비밀이 다른 아이들에게 알려지거나 친한 친구로부터 따돌림을 당하면 상처가 더욱 크다. 절친한 친구가 자신을 〈남자들에게 꼬리 치는 더러운 년〉이라고 학교에 소문을 퍼뜨려 자살을 시도했던 한 아이가 있다. 평상시 예쁘고 인기가 많던 그 아이를 질투하던 친구는 자신이 좋아하는 남자 선배가 그 아이에게 관심을 보이자 자기 앞에서는 순진한 척하면서 오빠 앞에서는 꼬리를 쳐 잠까지 잤다는 근거 없는 소문을 퍼뜨렸다. 그 아이는 결백을 주장했지만 소문이 일파만파로 퍼져 왕따를 당하자 수치스럽고 억울했다. 친구가 전부인 세상에서 자신이 설 곳이 없다고 판단해 죽음으로 결백을 증명한 것이다.

딸의 내면을 강화시키는 것은 부모이다

평상시 진정한 친구의 의미에 관해 딸과 이야기해 보자. 어느 한쪽이 이용당하거나, 어느 한쪽만 노력하거나, 나쁜 것을 권하는 관계는 좋은 친구가 아니라고 말해 주자. 서로를 존중해야 참다운 친구가 될 수 있음을 알려 주자. 아이들은 학교에 힘든 일이 있으면 학교에 가려고 하지 않는다. 사춘기 때는 혼자서는 하기 어려운 일도 친구와 집단을 이루면 서슴지 않고 행동할 수 있으므로 딸이 친구들과 어떤 관계를 맺는지도 살펴야 한다.

친구와 불균형적인 관계에 있다면 부모의 개입이 필요하다. 신체적 위해를 가하는 행위나 뒤에서 욕하기, 모른 척하기, 째려보기, 비밀 말하기, 나쁜 소문 퍼뜨리기, 집단 활동에서 제외시키기 등의 비언어적 괴롭힘, 수치심을 느끼게 하는 별명 부르기, 모욕하기, 반복적인 놀림 등의 언어적 괴롭힘을 겪고 있다면 벗어날 수 있게 도와야 한다.

내면의 힘이 약한 상태에서는 혼자서 그 힘을 키우기가 어렵다. 또래의 괴롭힘은 심리적인 상처뿐 아니라 학교생활 자체에 흥미를 떨어뜨리고 어른이 되어서도 그 상처로 인해 사람들과의 관계가 원활하지 않을 수 있다. 내면의 힘이 커지도록 부모가 더 많은 사랑과 관심을 줘야 하는 시기이다. 부모의 격려와 사랑이 있는 딸들은 사랑에 집착하거나 갈구하지 않고, 늠름히 제 길을 간다.

5 백마 탄 왕자가 딸에게 주는 영향

유치원이나 초등학교 저학년 여자 아이들이 공주 드레스를 입고 다니는 모습을 가끔 본다. 공주 시리즈의 유행에 맞춰 아동용 하이힐과 레이스 달린 치마, 왕관 머리띠, 빨간 립스틱으로 치장한 예비 공주들이다.

어릴 때 TV나 동화책에 나오는 주인공을 보며 한 번쯤 공주를 꿈꾼 적이 있을 것이다. 성인이 되어도 마찬가지다. 돈 많고 잘생긴 남자 주인공이 평범한 여주인공을 구제해 주는 현대판 신데렐라 드라마를 보면 여자의 인생에서 가장 큰 성공은 능력 있는 남성을 만나는 일인 것 같다.

아이에게 무엇을 보여 줄 것인가

미디어의 영향력을 가벼이 볼 수 없다. 한 실험에서 유치원 아동을 대상으로 〈반편견 동화책〉을 읽는 수업을 했다. 유치원 시기는 주변 사람들의 행동을 보며 성 역할을 강화하는 시기이다. 책에는 야구하는 여자, 뜨개질하는 남자, 자동차를 정비하는 여자, 환자를 돌봐 주는 남자 등이 등장해 남녀의 역할을 구분하지 않고 함께 일을 헤쳐 나간다. 그 수업 이후 아이들의 놀이가 달라졌다. 성별로 나뉘어 놀던 아이들 문화가 남녀가 함께 노는 문화로 바뀌었다. 또한 남자아이들의 과도한 공격성과 여자아이들의 지나친 의존적 성향이 줄어들었다. 놀이를 함께하면서 성 역할에 대한 고정 관념도 점차 바뀌었다. 반면 반편견 동화 수업을 하지 않은 집단은 시간이 흐르면서 남녀의 역할에 대한 구분이 더욱 명확해졌다고 한다. 2015년 영국 아동 단체 더 칠드런스 소사이어티는 요크 대학교와의 공동 연구에서 광고와 같은 대중 매체가 아동, 청소년의 정체성과 가치관, 특히 성 고정 관념과 그와 연관된 행동과 기대에 큰 영향을 미친다고 발표했다.

요즘은 모든 것을 보이는 대로 흡수하는 2~3세 아이들조차 손에 스마트폰을 쥔 채 미디어에 노출되고 있다. 문제는 예쁘고 똑똑하나 대체로 수동적이고 문제 해결 능력이 없는 공주가 자신을 보호해 줄 왕자를 기다린다는 신데렐라 스토리를 다룬 수많은 영상물에도 무심코 노출된다는 것이다. 이를 통해 아이들은 성 역할을 배워 나간다.

〈성 인지 감수성〉을 키워야 한다

특히 감수성이 예민한 사춘기 딸들에게 대중 매체의 메시지는 놀랍도록 빠르게 내재화된다. 드라마를 많이 본 여성일수록 〈가부장적 성 인식〉을 가진다는 보고가 있다. 차별적이고 불합리한 현실에 분노하기보다 인식조차 못 하고 순응해 버린다.

이는 딸이 사회인으로서의 성장을 저해하는 요인이 된다. 영국은 2018년부터 18세 미만 아동의 성 상품화 광고에 대한 규제를 강화할 뿐만 아니라 성 고정 관념을 강화하는 광고 자체를 금지하는 조치를 내렸다.

요즘 동화나 애니메이션을 보면 성 인지적 관점에서 새롭게 제작되었다는 것을 알 수 있다. 여성 영웅 서사를 그린 영화 「캡틴 마블」, 자스민 공주가 왕 〈술탄〉이 되는 영화 「알라딘」, 공주가 현실에 안주하지 않고 도전하며 새로운 세상을 개척하는 영화 「모아나」 등 전통적인 여성상을 나타내던 여주인공들이 주체적으로 목표를 성취하는 인물로 나온다. 자스민은 침묵하지 않겠다고 외치며 공주답게 조용히 있으라는 말을 무시하고 용기 있게 행동한다.

아이 하나를 키우려면 온 마을이 나서야 한다는 말이 있다. 먼저 그 마을이 오염되지는 않았는지, 오염되었다면 그 마을로부터 아이를 어떻게 지킬 수 있을지 고민해야 한다. 성차별적이지 않은 동화를 제작하고 선별하여 커뮤니티 사이트에 올리는 엄마들도 있다. 성차별 광고나 드라마에 대해서도 불편함을 인식할 수 있는 〈성 인지 감수성〉이 필요하다.

6 성 역할의
고정 관념을 깨는
직업

여성과 남성에게 어울리는 직업이 따로 있을까?

비행기 조종사, 과학자, 교사, 정치가, 군인, 간호사, 경호원, 헤어 디자이너, 요리사, CEO, 전업 주부, 플로리스트, 피아니스트, 판사, 의상 디자이너, 파일럿, 자동차 정비사, 은행원, 신문기자, 소방대원.

아이에게 무엇을 쥐어 줄 것인가

어느 미술가는 어릴 때 가지고 놀던 레고가 너무 좋아서 레고를 활용한 작품을 만들었고 어느 피아니스트는 어려서부터 엄마의 피아노를 가까이했기에 커서 피아니스트가 될 수 있었다고 말한다. 우리는 뭔가를 경험하면 그 분야에 친근감과 호기심을 가진다. 직업을 선택하는 것도 마찬가지이다. 어릴 때부터 익숙해야 자연스럽게 받아들이고 그것에 대해 더 알고 싶어진다. 매일 같이 미디어를 접하는 요즘 아이들의 희망 직업 1위가 아이돌이나 유튜버라는 사실이 말해 주듯, 어릴 때부터 무엇을 보고 만지며 놀았는지가 직업이나 꿈의 크기를 결정한다.

지금까지 딸에게 무엇을 보고 만지고 경험하게 해주었는지 생각해 보자. 보통 딸에게는 인형 놀이나 소꿉놀이 등 공감 능력과 이해력을 높이는 장난감을 주고 아들에게는 레고, 로봇, 자동차, 공 등 추리력과 상상력, 창의력을 키우는 장난감을 쥐어 준다. 딸은 미술이나 발레 등 미적 감각을 높이는 활동을 시키고 아들은 태권도 같은 운동으로 공격성을 키우는 활동을 시키는 경우가 많다. 하지만 뇌가 가장 많이 발달하는 시기에 놀이와 경험이 다양하지 않으면 아이의 능력은 제한된다.

딸들은 이미 무한한 가능성을 가졌다

그렇다면 딸들의 잠재된 재능을 어떤 교육 방식으로 끄집어낼 수 있을까? 부모 먼저 올바른 인식을 가져야 한다. 성별에 맞춰 타고나는 것은 없으며 아이마다 각각 다른 성향을 타고난다는 인식이다. 교육은 〈밖으로 끌어내는 작업〉이다. 여성의 역할에 한정하지 않고 아이 내면에 있는 다양한 색깔을 꺼낼 수 있도록 같이 노력해야 한다.

먼저 딸을 어떻게 키울 것인지 교육의 목적과 방향을 정하는 것이 중요하다. 나는 여성적 특성과 남성적 특성을 동시에 갖춘 양성성을 지닌 〈사람〉으로 키우는 것을 목적으로 삼았다. 양성적인 사람은 남성이나 여성이라는 틀에 얽매이지 않고 다양한 경험을 자유롭게 하면서 타고난 잠재력을 충분히 발휘한다. 한쪽 성의 특성만 가지는 아이보다 양쪽 성의 특성을 모두 가지는 아이가 다양한 상황에 잘 대처하고, 일을 처리하는 능력도 뛰어나며 인간관계도 원활하다. 양성성을 발달시키려면 성별과 상관없이 무엇이든 도전하고 학습하도록 양성적인 환경을 만들어야 한다. 사회가 주지 못하는 경험을 의도적으로 만들어 주자.

〈아이는 보지 않는 것이 될 수 없다〉는 말이 있다. 아이는 태어나면서부터 주어진 환경에 따라 생각하고 경험 안에서 상상력을 키운다. 딸이 초등학교 4학년 무렵 네이버가 있는 건물을 함께 지나는데, 딸이 대뜸 〈엄마 나 나중에 커서 네이버에 취직할 거야〉라고 말했다. 이 말에 나는 이렇게 말했다.

「직원도 좋아. 하지만 너는 사장도 될 수 있어. 뭐든 될 수 있어.」

그리곤 딸이 관심 있어 하는 분야에서 유명한 여성들을 보여 주며 롤모델로 삼도록 자극을 주었다. 사회인, 전문인으로 자신의 일을 열심히 하는 여성의 모습을 의도적으로 보여 줬다. 여의사가 있는 병원에 데리고 가거나 여자 법관, 수학자, 과학자 등 성공한 여자들의 모습을 직접 보여 주거나 책을 찾아 보았다. 딸이 자기가 좋아하는 일을 하면서 경제력도 갖추고 독립적인 사회인으로 성장하려면 어릴 때부터 체계적인 교육이 선행되어야 한다. 부모의 기대와 믿음으로 딸의 기회가 축소될 수도, 확대될 수도 있다.

딸이 태어났을 때 어떤 기대를 했는가? 딸에게는 외모에 대해 칭찬하고, 아들에게는 성취에 관해 칭찬하지는 않았는지. 지금 딸의 모습은 하루아침에 만들어진 것이 아니다. 태어난 순간부터 부모와 사회가 딸에게 거는 기대가 딸의 현재를 만들었다. 예쁘고 불편하기만 한 옷을 입히기보다는 딸의 뇌에 어떤 자극을 줄 것인지를 고민해야 한다.

7 아빠를 통해 배우는 세상

엄마들은 종종 남편이 딸아이의 기저귀를 갈거나 성기를 꼼꼼히 씻기는 걸 보면 괜히 마음이 불편해진다고 한다. 그런가 하면 열두 살짜리 딸이 가슴이 아프다며 아빠에게 가슴을 보여 주는 모습을 보고 너무 스스럼없이 지내는 부녀 사이를 고민하는 엄마도 있다. 한 TV 프로그램에서 아빠가 틈만 나면 고등학생 딸의 볼에 뽀뽀를 하거나 엉덩이를 만지는 사연이 전파를 타자 보기가 불편했다는 시청자들의 의견이 빗발쳤다.

아빠들도 딸이 커가면서 언제까지, 그리고 신체의 어디까지 스킨십으로 친밀감을 표현할지를 고민한다. 적극적으로 딸과 친밀감을 느끼면서 많은 것을 함께하고 싶지만 여성에 대한 공감과 이해력이 떨어져 자칫 성적 수치심을 주지는 않을까 염려되어 접근하기가 쉽지 않다고 토로한다.

알파걸의 비밀은 아빠와의 친밀감이다

부모들의 이런 고민과 달리 〈아빠와의 친밀감〉은 딸의 성장에 매우 중요한 역할을 한다. 아빠와 친밀할수록 사회 경험이 많은 아빠가 보여 주는 렌즈를 통해 세상을 바라보게 되면서 사회적으로 성공할 확률이 높다는 연구 결과가 있다. 아빠와 놀 때 좌뇌가 자극되면서 논리적, 이성적인 판단력이 발달한다. 특히 여성의 성 역할을 본격적으로 배우는 유치원 시기에 아빠와의 관계는 딸의 사회성과 주체성 형성에 큰 영향을 준다. 하버드 대학교 아동 심리학자 댄 킨들러는 『새로운 여자의 탄생-알파걸』에서 학업과 운동, 리더십 등 모든 면에서 남성보다 뛰어난 성취욕과 자신감을 보인 알파걸 뒤에는 아빠와의 친밀한 관계가 있었다고 밝혔다. 어릴 때부터 사소한 문제까지도 아빠와 이야기하며 친밀한 관계를 유지해 왔다는 것이다.

자연스러운 스킨십이 성교육의 불편함을 해소한다

아빠와의 스킨십은 〈옥시토신〉 호르몬 분비를 촉진해 정서적 안정감은 물론 신뢰감과 친밀감을 키운다. 특히 생후 6개월부터 아빠와의 통목욕을 통해 온몸으로 스킨십을 경험하면 쉽게 애착 관계가 형성된다. 이때 아빠에게도 호르몬 분비에 변화가 생겨 생물학적으로 부성애가 더욱 강해지기도 한다.

아빠와의 친밀감으로 성교육도 가능하다. 남편은 딸과 종종 통목욕을 하곤 했다. 한참 말을 하기 시작한 딸이 아빠의 성기가 재미있었던지 〈아빠, 이건 뭐야, 포도 같아〉라며 관심을 보이자 당황한 남편이 화제를 다른 곳으로 돌렸다고 한다. 목욕을 끝낸 남편이 와서는 〈이제 딸과 목욕을 하면 안 되는 거야?〉 하며 아쉬워했다. 언제까지 가능할까?

아빠나 딸 둘 중 어느 한쪽이 자신의 몸을 보여 주거나 함께 목욕하는 것을 부담스러워 한다면 그때부터 따로 하거나 아빠가 팬티나 옷을 걸치면 된다. 이때 성교육은 아이와 함께 목욕하면서 직접적으로 가르치기보다 목욕을 마친 후 그림이나 점토 등의 재료를 이용하여 간접적으로 하는 게 좋다. 아빠와 어려서부터 자연스럽게 성교육을 접해야 사춘기가 되어서도 자연스럽게 성과 관련된 대화를 할 수 있다. 〈딸, 요즘 생리통은 괜찮아?〉라는 질문부터 아빠의 사춘기를 예로 들며 남자 친구에 대해서도 또 성적인 고민에 관해서도 교육을 할 수 있다. 아빠와 딸의 정서적, 신체적 친밀감이 성교육의 불편함을 없앤다.

남성의 좋은 역할 모델은 아빠다

한번은 주말 오후에 딸 친구가 집에 놀러 온 적이 있다. 남편이 딸 친구를 반갑게 맞으며 거실에서 함께 대화를 나누고 점심 식사도 차려 주었다. 그 친구는 엄마가 방에서 책을 읽고 아빠가 부엌에서 식사를 준비하는 모습이 낯설었다고 한다. 딸은 아빠가 엄마를 대하는 모습을 보며 사랑을 어떻게 표현하고 주고받는지도 배운다. 서로 사이 좋게 지내면 남녀 관계는 아주 좋은 것이라고 느끼고 자연스럽게 성은 아름다운 것이라고 인식한다. 아빠와 좋은 사이로 지내 온 딸들은 이성은 물론 동성과의 관계에서도 자신감을 보인다. 이렇듯 성 역할은 일상 속에서 전달된다. 부부 간의 평등한 관계, 존중하고 협력하는 모습, 중요한 일 함께 의논하기, 아빠가 엄마를 소중히 여기고 가사에 참여하는 등의 모습을 보면서 균형 있는 성 역할을 배운다. 가정은 사회의 축소판이다. 부부가 서로 평등한 관계를 보여 줄 때 딸은 사회 속에서 차별에 대한 민감성을 키운다.

IV 사랑할 줄 아는 사람이 되기

이성에 대한 호감은
건강한 사춘기의 과정이다

1   내 아이의
성적 자기 결정권

중학생 딸을 둔 지인이 딸에게 남자 친구가 생겼는지 거울 보는 횟수가 늘고 밥을 먹다가도 카톡만 울리면 자기 방에 들어가 몇 시간씩 전화만 한다며 불안해했다. 10대들이 쉽게 사랑에 빠지는 건 놀랄 일이 아니다. 특정 아이돌 가수를 좋아하거나 같은 반 이성 친구를 좋아하는 건 사춘기 성호르몬의 영향이다. 좋아하는 사람에 대한 생각만으로도 행복해지는 시기이다. 〈사춘기 아이가 여전히 부모를 사랑한다면 사춘기가 아니다〉라는 말도 있다. 이때는 애착 대상이 부모에서 친구 혹은 연인으로 바뀐다.

하지만 자녀의 연애를 반가워하는 부모는 드물다. 특히 딸

가진 엄마들은 〈성적이 떨어지지는 않을까〉, 〈데이트 폭력을 당하지는 않을까〉, 〈임신이라도 하게 되면 어쩌지〉 등등 걱정부터 앞선다. 교제를 어느 선까지 허락해야 하는지도 고민이다. 그렇다고 학생의 본분은 공부라며 연애를 못 하게 하면 오히려 관계가 더 깊어지거나 비뚤어질까 염려되어 선뜻 반대하기도 어렵다. 자녀의 연애를 이해 못 하는 구식 엄마가 될 수는 없으니 저절로 관심이 사그라지기를 바랄 뿐이다.

이성에 대한 호감은 건강한 사춘기의 과정이다

엄마들의 이런 고민과는 무관하게 사춘기 딸들은 성적 주체로서 이미 누군가를 좋아하고 연애하는 일이 자연스럽다. 성교육 시간에 아이들이 가장 궁금해하는 것이 이성과의 연애이다. 연애를 못 하면 서로 〈모쏠(모태 솔로)〉이라고 놀린다. 여학생들에게 부모가 이성 교제를 반대한다면 어떻게 할 거냐고 물으면 대부분 〈그래도 사귀겠다〉고 답한다. 공부에 시달리다 보니 마음을 터놓을 누군가가 필요하다는 것이다. 동성 친구와는 가끔 경쟁 관계에 놓이기도 하지만 자신을 아끼고 좋아해 주는 남자 친구는 사랑받는 느낌을 주므로 자존감이 높아지고 생활에 활력소가 된다고 한다. 딸들은 이러한 이성 교제를 통해 사랑하고 사랑받는 법을 알게 된다. 또한 자신과 다른 성을 이해하는 경험들이 쌓이면서 자기와 잘 맞는 사람이 어떤 유형인가도 깨닫는다.

딸이 언젠가는 연애를 하게 될 테니 엄마도 미리 마음의 준비가 필요하다. 딸이 연애를 생각하는 시점이 되면 그 생각과 선택을 믿고 딸에게 성적 자기 결정권을 주도록 하자. 때론 딸의 연애 상담사가 되어 아빠와의 연애담을 들려주면서 자연스럽게 남자 친구 이야기를 꺼내도록 하는 것도 좋다. 그러다 보면 딸의 이성 교제가 기쁘면서도 걱정된다는 엄마의 감정을 자연스럽게 표현할 수 있다.

딸에게 연애 선택권을 주자

남자 친구한테 고백을 받았는데 어떻게 해야 좋을지 모르겠다며 상담을 요청하는 여학생들이 있으면 진짜 사귀고 싶을 정도로 상대에게 관심이 있는지, 교제했을 때 어떤 점이 좋고 나쁠지를 한번 생각해 보라고 말한다. 그러면 아이들은 〈좋은 기분이 든다〉, 〈든든한 짝이 생긴 것 같다〉, 〈서로 공부를 도울 수 있다〉는 장점과 〈따로 시간을 내야 한다〉, 〈공부에 방해가 된다〉, 〈여자 친구들과 멀어진다〉, 〈같은 학교에서 헤어지면 서먹서먹해진다〉는 단점을 말한다. 딸도 6학년 때 같은 질문을 한 적이 있었는데 마찬가지로 이성 교제의 장단점에 대해 먼저 생각해 본 뒤 직접 선택하라고 말했다. 딸은 공부에 방해가 된다면 평상시 더 열심히 하겠다면서 남자 친구의 고백을 받아들이기로 결정했다. 성적 자기 결정권을 주었더니 그 교제의 단점을 극복하기 위한 방법도 스스로 찾았다.

그렇다고 이성 친구를 꼭 사귀어 봐야 하는 건 아니다. 사춘기는 자신의 미래를 만들어 가는 과정이므로 이성에게만 빠져드는 것보다 더 다양한 경험이 필요한 시기이다. 가끔 자기만 모쏠이라고 놀림받는 것이 싫어 마음에도 없는 상대와 교제하는 경우가 있는데, 혹 아이가 이런 경우라면 교제가 반드시 필요한 것은 아니니 마음이 움직일 때 사귀라고 조언해 주자. 현재 좋아하는 사람이 없다고 해서 영원히 교제를 못 하는 것도 아니라고 말해 주자. 교제를 하는 것도 안 하는 것도 결국 자신의 선택일 뿐이다.

2   정해진
연애 각본에서
벗어나기

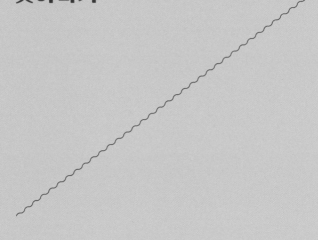

떡볶이와 우동을 먹고 나서 ○○가 계산했다.

　놀이 공원에 놀러가기로 한 날 ○○가 함께 먹을 도시락
을 싸왔다.

　○○에게 애교를 부리며 즐겁게 해주었다.

　음악을 듣다가 ○○가 ○○의 손을 먼저 잡았다.

　기념일에 ○○에게 꽃을 선물한다.

　데이트 후 ○○가 집에 바래다주었다.

　위의 글을 읽으며 ○○에 들어갈 대상이 자연스럽게 떠올
랐을 것이다. 〈남자〉와 〈여자〉 누가 떠올랐는가? 내 생각도

크게 다르지 않았다. 대중문화 속 남녀의 연애 모습은 남성이 주도하는 경우가 많다. 연애할 때 남자는 이래야 하고, 여자는 저래야 멋진 연애를 하는 것처럼 보인다. 드라마 속 연애 모습에 익숙한 아이들은 실제로 이성 친구를 사귈 때도 고정 관념에서 벗어나기 힘들다.

아이들의 연애 방식은 모두 똑같다

딸이 중학교 1학년 때 같은 반 남자아이가 좋고 멋져 보인다고 말했다. 그 마음을 응원하고 싶어 〈오호, 그럼 좋아한다고 고백할 거니?〉라고 물었더니 아이가 놀라며 다음과 같이 되물었다.

「여자가 어떻게 먼저 고백을 해? 애들이 그러는데 여자가 먼저 고백하면 매력이 없대. 혹시라도 거절당한 게 소문나면 얼마나 창피하겠어?」

아이는 남자가 먼저 고백할 때까지 기다려 보겠다고 했다. 마치 아이돌의 노래 가사 〈여자가 쉽게 맘을 주면 안 돼. 바로바로 대답하는 것도 매력 없어. 메시지만 읽고 확인 안 하는 건 기본…〉이랑 똑같은 상황이다. 연애와 관련된 책이나 인터넷에 떠도는 대부분의 글은 〈남자들에게 먼저 말 걸지 말아라〉, 〈연락이 와도 바로 답하지 말고 시간을 두어라〉, 〈남자가 리드하게 해라〉, 〈데이트할 때 비용을 나누지 말아라〉, 〈항상 웃어 주고 말을 들어 주어라〉 등의 조언으로 연애를 매뉴얼화한다. 성 고정 관념을 강화시키는 이러한 연애 지침은 세월이 흘러도 쉽게 변하지 않아 아이들 역시 전형적인 연애 로망을 실현하고 있다.

고백은 남자의 몫이 아니다

물론 이러한 성 의식에 반기를 들며 먼저 연락하고 고백하는 여학생도 있지만 여전히 남학생들은 여자가 먼저 고백하면 매력이 떨어지고 고백은 남자의 몫이라고 여긴다.

이렇게 서로가 함께하는 관계가 아닌 남자 주도의 연애는 일방적인 관계가 되기 쉽다. 남자와 여자 누구나 좋아하는 감정을 가질 수 있고 그 감정을 먼저 표현할 수 있다는 점을 인정해야 한다. 스스로를 사랑하는 아이는 자신의 감정도 사랑하고 그 감정을 당당히 드러내기도 한다.

고백할 때는 장난이 아닌 진심을 전하는 것이 중요하다. 가령 정성이 담긴 편지와 함께 마음을 전하거나, 평상시 친구를 대하듯 문자 메시지를 보내다가 상대가 호감을 보이면 그때 자연스럽게 좋아한다는 말로 고백할 수도 있다. 너무 부끄러운 나머지 다른 친구에게 부탁한다면 상대에게 진심이 제대로 전달되지 않을 수 있으니 직접 마음을 표현하는 것이 좋다. 마음을 전할 수 있는 자그마한 선물과 함께 메모를 써서 건넬 수도 있다. 그렇다고 반 아이들 앞에서 공개적으로 고백한다면 상대는 또 다른 소문으로 부담스러울 수 있으니, 고백은 둘만 있는 상황에서 이루어지는 것이 좋다.

어렵게 고백을 했지만 물론 거절당할 수도 있다. 그러나 거절당할 것을 두려워하면서도 자신의 감정을 숨기지 않고 드러낸다는 건 용기 있는 일이다. 사람마다 취향이 다르니 모두가 나를 좋아할 수는 없다. 딸이 거절

당했다면 상대가 원하는 사람과 네가 단지 다르기 때문이라고 말해 주자.

평등한 데이트 문화를 알려 주자

요즘 아이들의 데이트 문화는 영화관, 놀이 공원, 노래방, 패스트푸드 음식점을 가는 것인데, 사실상 돈이 없으면 불가능하다. 각자 부담하더라도 부모에게 용돈을 받는 입장에서 어려울 수밖에 없다. 수업 중 학생들에게 남녀 각각 5천 원씩 내서 1만 원으로 가능한 데이트 방법을 적어보라고 하니 아이들은 그 돈으로 어떻게 데이트를 하냐며 손사래를 쳤다. 하지만 막상 고민을 하고 난 후에는 음료수 사서 공원 산책하기, 한강에서 자전거 타기, 함께 독서하기, 함께 음악 듣기, 버스킹 공연 보기, 자원봉사하기, 버스로 종점까지 가기 등 다양하고 기발한 아이디어를 쏟아 냈다. 상업 시설에서의 데이트에만 익숙했던 아이들이 오히려 재미있겠다며 한번 해보겠다고 관심을 보였다.

딸이 이성 교제를 시작했다면 〈평등한 관계 맺기〉에 관해 이야기해 주자. 사랑 고백에서부터 관계를 유지하는 과정, 데이트에 들어가는 비용 등을 모두 남자에게 의존한다면 상대에게 쉽게 자기 의견을 표현하기 어렵다. 관계 안에서 힘의 균형이 무너지면 상대방이 스킨십이나 성적 행위를 요구해도 자신의 감정이나 욕구를 제대로 전달하지 못하게 된다.

이성 교제는 함께 데이트하는 것이 다가 아니다. 자신이 좋아하는 한 사람을 알아 가는 시간으로, 서로 간의 친밀감을 통해 도움을 주고 받으며 성장하고 인간관계를 넓히는 계기가 된다. 도움을 주는 사람이라는 뜻으로 배필이라는 말이 있다. 서로 불완전한 사람들이 만나 서로 도와주는 것이다. 무엇보다 스스로 존중받고 싶은 만큼, 상대방을 존중하는 것이 중요하다는 것을 딸에게 알려 주자.

3 스킨십 범위 정하기

여학생들이 가장 많이 하는 질문 중의 하나는 남자 친구와의 스킨십이 어디까지 가능하냐는 것이다. 스킨십 단계를 손잡기, 어깨에 손 올리기, 포옹하기, 키스하기, 가슴 만지기, 애무하기, 성관계로 나누고 중학생들에게 10대는 어디까지 가능하다고 생각하는지 물었다. 손잡기와 키스하기까지 대답이 가장 많았고, 대부분 그 이상에 대해서는 구체적으로 생각해 본 적이 없다는 반응이었다. 구체적인 성 지식이 없으면 드라마나 영화에서처럼 연인들의 모습을 포옹이나 키스까지만 생각할 뿐 그 이후에 생길 수 있는 스킨십, 성관계, 피임 등의 행위는 상상하지 못한다. 부모들은 평상시 영화나 드라마를 보면서 남녀가 손을 잡거나 키스하는 장면이 나오면 부모님의 연애담을 자연스럽게 꺼내면서 키스 후에 섹스와 임신도 있다는 것을 이야기해도 좋다. 부모와의 대화가 그동안 구체적으로 떠올려 보지 않았던 상황을 현실적으로 생각해 보는 계기가 된다.

사춘기 성적 행동의 기준을 정하자

사춘기 때는 성적 행동에 대한 기준이 있어야 한다. 여자들은 대화나 신체 언어로 친밀감이나 애정을 표현하곤 하지만, 남자들은 스킨십 수위에 따라 애정을 판단하는 경향이 있어 서로 오해가 생기기 쉽다. 상당수의 성폭력이 이러한 차이에서 발생하므로 성적 행동에 대한 기준을 미리 정하는 것이 좋다.

기준을 정할 때는 일반적인 데이트 과정에서 발생할 수 있는 신체 접촉의 시작과 끝을 정하는 것부터 시작하자. 먼저 딸에게 언제 스킨십을 하고 싶고 어디까지 가능하다고 생각하는지 물어보자. 만약 시작을 가볍게 손잡기, 끝을 성관계로 정했다면 〈너 미쳤어?〉라며 감정을 드러내며 훈계하지 말자. 왜 그렇게 생각하는지 묻고 그 단계에 따른 결과에 대해서도 생각해 보게 해주자.

그러나 스킨십 기준을 정했더라도 사춘기 때는 이성보다 감성이 발달하기 때문에 상황에 따라 그 기준을 지키기가 어려울 수 있다. 남자 친구와 단 둘이 있거나 이성이 풀어졌을 때 즉흥적인 행동으로 이어질 수 있다. 연애라는 환상만 있을 뿐 성관계에 대한 아무런 준비 없이 성 충동을 그저 로맨틱한 사랑으로 착각해 성관계를 갖기도 한다. 때론 남자 친구의 요구를 거절하지 못해 발생하기도 한다. 자신이 정한 기준보다 더 높은 수준의 스킨십이 감지될 때는 하던 행동을 잠시 멈추고 지금의 상황을 자신이 선택했고 그것에 대해 책임질 수 있는가를 생각해 봐야 한다. 그러고 나서 상대에게 좋다, 아니다, 싫다 등을 당당히 말할 수 있어야 한다.

성교육을 제대로 받지 못한 경우 성적으로 흥분한 상대방에게 책임감을 느끼며 그것을 해결해 줘야 한다고 생각하기도 한다. 그러나 성 욕구는 사랑과는 별개로 의지로 조절이 가능하다. 인간의 성 욕구는 동물과 달리 이성으로 제어할 수 있다. 기분이 나쁘면 식욕이 떨어지듯 감정으로 성 욕구를 자제할 수 있다는 것을 알면 상대에게 설득당하지 않고 성적 의사 결정을 할 수 있다. 성관계 도중에도 원하지 않는다면 멈추기를 요구할 수 있고 오래된 사이라도 원치 않을 때는 중단하고 거절할 성적 자기 결정권이 있다. 이는 법으로도 보호받는 개인의 권리이다.

아이가 성관계를 염두에 둔다면 꼭 해야 할 질문이 있다

성적 자기 결정권을 행사하기 전에 자신이 정말 원하는 것과 원하지 않는 것이 무엇인지 고민해야 한다. 순간적인 분위기에 취해 성관계를 가질 경우 임신에 대한 불안감이나 순결을 잃었다는 죄책감, 소문에 대한 두려움으로 괴로울 수 있다. 아이가 성관계를 갖기 전 반드시 다음과 같은 질문을 스스로에게 던질 수 있도록 알려 줘야 한다.

-일시적인 충동이나 호기심은 아닌가?

-정말 내가 원하는 행동인가?

-서로 성관계에 대한 동의와 협의가 이루어졌는가?

-피임이 실패하여 아기가 생기면 책임질 수 있는가?

-상대방이 자신과 함께할 수 있을 만큼 믿을 만한 사람인가?

-상대와 성관계를 할 만큼 친밀한가?

-내 벗은 몸을 상대방에게 보여 줄 수 있는가?

-부모님이나 친구 등 주위 사람들이 염려할 만한 행동인가?

-죄책감이 들지 않는가?

만 16세 미만은 아직 몸이 다 자라지 않은 미성년으로 생식기의 기능도 미숙하다. 질병이 생기거나 성기가 손상될 수 있으니 성관계를 삼가는 게 바람직하다고 이야기해 주자. 그리고 성적 권리는 남녀 모두에게 있으니 자신의 욕구와 상대의 욕구를 어떻게 조화시키느냐가 중요하다. 성적 의사 결정 과정에서 생각의 차이가 있을 수 있으니 서로의 솔직한 생각을 나누고 조율해 나가야 한다. 상대가 자기보다 더 약한 수준의 성 행동을 원한다면 그 기준에 맞춰야 한다는 인식을 가져야 한다.

둘 중 어느 한쪽이 준비되지 않았다면 다른 대안을 찾아야 한다. 상대가 진한 스킨십을 제안한다면 그러지 않고도 나눌 수 있는 짜릿하고 다양한 연애 방법들을 함께 고민해 보는 것도 좋다. 딸들에게 성에 대해 스스럼없이 이야기하고 가르치는 성 문화가 만들어질 때 딸의 성적 의사 결정 능력이 강해지고 성 충동을 조절할 수 있으며 성폭력을 예방할 수 있다. 딸과 성에 대한 구체적인 대화를 이어 가기 어렵다면 성교육 책을 선물하는 것도 좋은 방법이다.

4 동의와 거절

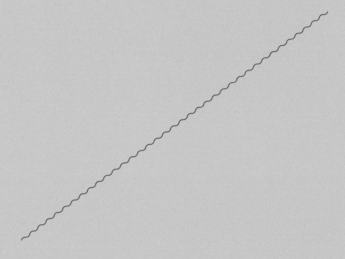

청소년 건강 행태 조사에서 성관계를 갖게 된 이유를 묻자 남학생들은 〈호기심〉, 여학생들은 〈거절하기 어려워서〉라는 대답이 가장 많았다. 거절 의사를 분명히 했음에도 남자 친구의 끈질긴 요구에 어쩔 수 없었다는 게 이유였다. 이런 경우 남자는 여자의 묵시적인 허락이 있었다는 이유로 정상적인 성관계로 인식하지만, 여자는 성폭력으로 인식할 수 있다. 동일한 상황을 서로 다르게 받아들이는 성 인식의 차이는 좋아하는 사이라면 굳이 말하지 않고 친밀감을 표시해도 된다는 생각, 즉 성적 의사소통의 부재가 원인이다.

성적 의사소통이 어려운 건 잘못된 학습의 결과이다

사회는 남자에게 주도적인 성적 관계를 용인해 왔다. 손을 잡거나 안 거나 키스를 하기 전 상대에게 동의를 구하는 건 남자답지 못한 행동이 라는 것이다. 반면 여자에게는 소극적인 태도를 요구해 왔다. 좋다는 마 음을 직접 표현하거나 성적 행동을 먼저 제안하거나 상대의 제안에 덥석 동의를 하는 여자는 쉽거나 밝히는 여자로 본다. 또 자신의 생각이나 감 정을 확실하게 표현하는 여성은 드센 여자로 통한다. 이러한 사회 분위기 속에서 여성은 좋아도 좋다고 말하지 못하고 싫어도 싫다고 말하지 못해 상대의 프러포즈에 침묵으로 응하곤 한다. 그러니 남자는 여자가 좋으면 서도 내숭을 떤다고 오해해 여성이 내린 성적 자기 결정을 가볍게 여긴 다. 그리곤 남성들의 통념대로 〈동의〉라고 확대 해석한다. 설령 거절 의 사를 분명히 밝혀도 한두 번 정도의 거절은 예의라 여기며 거절을 거절 로 받아들이지 않는 경우가 많다. 가령 여자가 밤에 모텔이나 남자 집에 따라 들어가거나 부모님이 없는 집에 놀러 오라고 하거나 짧은 치마를 입거나 술 취한 모습을 보이면 성관계를 허락한 것으로 생각한다. 〈열 번 찍어 안 넘어가는 나무 없다〉는 속담은 상대의 의도와 상관없이 자기 의 지대로 행동하는 남성들의 성 통념을 반영한다.

진정한 성적 의사소통은 말로 하는 것이다

그렇다면 이 문제를 어떻게 해결할까? 먼저 여자도 남자와 똑같은 성적 존재임을 인정해 이중적인 성 문화를 바로잡아야 한다. 그래야 여자도 성적 수치심에서 벗어나 성적 의사소통을 한다. 성교육 수업 시 남녀를 한 자리에 놓고 가르치는 이유이다.

올바른 성적 의사소통이란 성 고정 관념에서 벗어나 서로의 감정과 생각을 직접적으로 표현하고 소통하는 것을 뜻한다. 상대방의 행동만으로 성적 의사를 미리 짐작해서는 안 되며, 자신의 생각이나 느낌을 언어로 묻고 언어로 답하는 성적 대화를 해야 한다. 즉, 행동으로 옮기기 전에 먼저 말로서 동의를 구해야 하고 그것이 자연스럽게 이루어지기 위해서는 서로 약속하고 연습하는 것이 좋다. 이성적인 판단이 가능한 상태에서 적극적으로 상대방의 제의나 요청을 받아들이는 것이 동의이다. 진정한 동의는 기꺼이 거절할 수 있는 상황에서 하는 것이다. 침묵은 거절로 받아들여야 한다. 우리는 곤란한 상황에 놓였을 때 침묵하곤 한다. 너무 무서워서 싫다고 말하지 못하고 침묵했다면 그것은 거절이다. 〈내가 왜 한 마디도 못 했지?〉 하면서 스스로를 괴롭히지 않아도 된다는 말이다.

동의는 말로도, 행동으로도 할 수 있다

그렇다면 매번 애정 표현을 할 때마다 상대에게 물어야 할까? 상대방

146

의 의사를 물어보거나 동의하는 의사를 표현하는 데에는 두 가지 방법이 있다. 말로 하는 방법과 몸으로 하는 방법이다. 가령 데이트를 마치고 헤어질 무렵 상대를 안아 보고 싶다면 어떻게 해야 할까? 상대가 미소를 짓고 있다 해도 진짜 감정이 어떤지는 알 수 없다. 얼른 이 상황을 끝내기 위해 예의상 짓는 미소일 수 있다. 또 즐거워서 미소를 지었다 해도 물어보지 않은 다른 행동은 싫어할 수도 있다. 이럴 땐 〈오늘 너와 함께해서 너무 좋았는데, 안아도 돼?〉라고 물어보는 것이다. 말로 묻기 어려울 땐 행동으로 보여 주면 된다. 「응답하라 1994」에서 남자 주인공이 〈우리 데이트할까?〉라며 손을 내미는 것처럼 말이다. 이에 동의를 한 여자 주인공은 그 손을 살포시 잡는다. 이처럼 연인이라고 해도 서로 동의를 구하는 것이 당연하다. 또 동의한다고 말로 표현해야 진짜 동의라는 사실도 잊지 말아야 한다.

거절하는 법은 이렇게 가르치자

아무리 친밀한 사이라도 거절할 권리가 있고, 신체 접촉을 시작했더라도 상대가 원하지 않을 때는 언제든 멈추어야 한다. 거절의 의사를 표현했는데도 멈추지 않으면 성폭력으로 해석된다. 거절할 때는 상대를 비난하고 욕하기보다 본인의 느낌을 말해야 한다. 상대의 일방적인 요구를 받아들일 수 없다며 다음과 같이 거절 의사를 분명히 밝히는 것이 좋다.

「누군가에게 먼저 고백하는 것은 용기 있는 일이야. 고맙고 미안하지만 나는 사귈 마음이 없어.」

「난 네가 물어보지도 않고 내 몸을 만지는 건 기분이 나쁘고 속상해.」

「안 돼, 그런 것은 하고 싶지 않아.」

「내가 싫다고 했는데도 네가 자꾸 강요해서 화가 나.」

「원치 않는데도 자꾸 하려고 하니까 네가 실제로 날 좋아하는 게 아니라 그냥 이용한다는 생각이 들어.」

위와 같이 상대방의 기대나 요구를 잘 알고 있다는 것을 말로 표현하고 거절하는 이유를 분명히 밝혀야 한다. 제안이나 행동을 거부하는 것이지 상대 자체를 거부하는 것이 아님을 상대가 이해할 수 있게 하는 것이다. 무엇보다 여성의 성 역할과 성 통념에서 벗어나 원하는 행동이나 상황을 상대에게 요구하고 말할 수 있어야 한다.

남녀 누구나 〈성적 자기 결정권〉이 있다. 원하는 것을 요구할 권리와 원하지 않는 것을 거절할 권리이다. 남녀가 각자 동등한 성적 존재로서 동의와 거절의 의사소통 과정을 거칠 때 건강하고 평등한 이성 관계가 유지된다. 이러한 습관은 하루아침에 만들어지는 것이 아니므로 평상시 부모 먼저 딸의 감정이나 말에 귀를 기울여 의사를 존중하고 원치 않는 행위를 강요하는 일은 없어야 한다. 어릴 때부터 습관이 되지 않으면 사랑하는 사람 앞에서도 생각이나 의견을 쉽게 표현할 수 없다.

5 아름다운 만남과 이별

한 여고생이 친구의 소개로 남자 친구를 사귀게 되었다. 남자 친구는 아침부터 자기 전까지 하루에도 몇 번씩 메시지를 보내며 관심을 표현했다. 때때로 아무 연락도 없이 학원 앞으로 찾아오거나 집 근처에서 기다리기도 했다. 남자 친구의 헌신적인 모습에 처음에는 주변 친구들도 그 여고생을 부러워했고 여고생 본인도 그만큼 그의 좋아하는 마음이 진심이라고 생각했다. 그러나 시간이 갈수록 주변의 남자 친구들과 말도 섞지 못하게 하고 문자 메시지에 바로 답하지 않으면 전화로 어디서 뭘 했는지 따지는 등 집착하는 행동을 보였다. 이러한 행동이 부담스러워진 여고생은 헤어지자며 이별을 통보했다. 그러자 남자 친구는 사랑해서 그런 거라며 자신의 행동을 합리화하고 자신을 만나 주지 않으면 함께 잤다고 소문을 내겠다며 회유와 협박을 했다.

어디까지가 데이트 폭력일까

한 여고에 강의를 나갔다가 〈데이트 폭력 인식〉과 관련해 위의 여학생 사례를 어떻게 생각하는지 물었다. 40퍼센트 정도의 학생들이 〈데이트 폭력이 아니다〉라고 대답했다. 성관계를 소문 내겠다는 협박에 대해서만 데이트 폭력으로 인식할 뿐 여자 친구를 정서적으로 통제하는 행위를 데이트 폭력으로 인지하지 못하는 경우가 많았다. 구애 과정에서 남성의 과감성과 적극성, 여성의 얌전한 태도를 당연시하는 성 문화에서는 무엇이 데이트 폭력인지 제대로 인식하지 못하는 경우가 많다. 예컨대 드라마나 영화에서는 남자 주인공이 상대방의 동의 없이 사람들 앞에서 사랑을 고백하고 여자 친구임을 공식 발표하는 장면이나, 남자가 여자를 벽에 밀치고 강제로 키스하는 장면이 자연스럽게 나오는데 이는 현실과 다른 로맨틱 판타지를 키울 뿐이다.

평상시 데이트 폭력에 관해 구체적으로 알고 있어야 심각한 상황을 막을 수 있다. 데이트 폭력은 간섭, 통제, 스토킹으로 시작해서 정서 폭력, 성희롱, 성폭력, 신체 폭력으로 이어진다. 다음과 같은 경우 데이트 폭력에 해당된다는 것을 알려 주자.

- 상대가 싫다고 해도 지속적으로 쫓아다니며 구애를 하는 경우
- 휴대폰, 이메일, 개인 SNS 등으로 일거수일투족을 감시하고 간섭하는 행위
- 상대가 누구와 함께 있는지를 감시하며 모임이나 동아리 활동을 못하게 하는 경우
- 통화가 될 때까지 계속 전화하는 행위
- 성적인 수치심이 드는 말이나 욕설을 하거나 위협을 느낄 정도로 고함을 지르는 행위
- 직접적인 폭행은 아니더라도 화가 나서 발을 세게 구르거나 손을 들어 때리려는 행위
- SNS에 원하지 않는 사진을 올리겠다는 등의 위협으로 정서적 폭력을 가하는 행위
- 물건을 집어 던지거나 부수는 행위
- 신체적 폭력
- 콘돔 사용을 요구했음에도 콘돔을 쓰지 않거나 썼다고 거짓말을 하고 성관계를 한 경우(데이트 폭력이자 성폭력임)

폭력에 둔감한 사회에서 약자는 여성과 아이

그동안 우리 사회는 폭력을 사랑이란 이름으로 포장해 왔다. 사랑하는 사람을 자신의 소유물로 생각하는 가부장적인 사회에서 그 원인을 찾을

수 있다. 일부 부모들은 아이는 때려서 가르쳐야 한다거나 화가 나면 가벼운 손찌검 정도는 괜찮다고 생각한다. 또 아이의 잘못을 바로잡는다며 자유를 통제하고 옷차림을 간섭하고 행동에 제약을 두며 폭력을 합리화하는 부모도 있다. 이러한 잘못된 사회 통념 때문에 감시, 간섭, 언어, 신체 폭력, 스토킹 등을 심각한 범죄로 보지 않는다. 그러다 보니 폭력이 용납되고 정당화되어 폭력에 익숙한 문화가 형성되어 온 면이 있다. 아이들은 폭력을 당해도 그것이 폭력인 줄 모른다.

부모의 폭력은 아이의 연애 관계에도 영향을 준다. 부모의 사랑을 제대로 받지 못한 아이는 비교적 이른 나이에 이성 교제를 시작하거나 남자 친구의 폭력을 견디기만 할 뿐 헤어지지 못한다. 남자 친구만이 유일하게 자신을 사랑하기 때문이다. 이런 아이들은 자신의 기분보다 상대의 기분을 배려하는 것이 사랑이라고 생각한다. 따라서 사랑을 받기 위해서 자신의 욕구보다 다른 사람의 욕구를 우선시한다. 자아 존중감이 낮을수록 폭력적인 성관계를 맺는다는 연구 결과가 있다. 성장 과정에서 사랑이 결핍될 경우 상대방이 조금만 관심을 줘도 쉽게 마음의 문을 열게 되는 것이다. 또 상대에게 거부를 많이 당해 온 여성일수록 남자가 성관계를 요구할 때 거부당할 것이 두려워 폭력적인 상황을 쉽게 받아들인다고 한다.

자아 존중감이 폭력을 예방한다

아동 학대 예방 기구와 영국 브리스톨 대학교의 연구 결과, 이런 여성들은 자존감을 높이고 장기적인 목표에 집중하면 폭력과 위압적인 상황에서 벗어날 수 있다고 한다. 남자와의 연애 관계보다 자신의 미래를 소중히 여겨 문제가 생기면 관계를 당장 끊게 된다는 것이다. 연구에 참가했던 한 여학생은 다음과 같이 고백했다.

「나 자신이 소중하다는 생각을 하면서 아픈 것은 사랑이 아니라는 것을 깨달았다. 인생의 주인은 나이므로 아무리 힘들어도 내 길을 스스로 걸어가야 한다. 나 자신을 사랑하게 되면서 기존 관계를 끊고 새로운 관계를 받아들일 의지가 생겼다. 결국 나를 존중해 주는 사람을 만났다. 예전에는 이런 관계가 가능하다는 것 자체를 몰랐다. 서로를 존중하고 신뢰하는 것이 사랑이라는 걸 비로소 깨달았다.」

아이가 남자 친구 때문에 힘들고 괴로워한다면 〈상대를 존중하지 않고 아프게 하는 것은 사랑이 아니다〉라고 말해 줘야 한다. 부모와의 애착 관계가 형성된 아이들은 자신이 함부로 취급당할 존재가 아니라는 것을 안다. 따라서 상대의 의견이 싫거나 부당한 대접을 받으면 자신의 생각과 의사를 적극적으로 표현한다. 좋아하는 사람이 자신을 좋아하지 않아도 사랑받지 못하는 것이 아니라 서로 취향이 맞지 않는 것일 뿐이라고 여길 수 있다.

딸이 이성 교제를 하고 있다면 혹시 폭력적인 상황에 놓이지는 않았는지 세심한 관심이 필요한다. 〈오늘 만남은 어땠어?〉, 〈무슨 재미난 일 있었니?〉 등 딸의 이성 관계에 관심을 갖고 대화를 통해 폭력이 의심되는 정황이 있는지를 점검하는 것도 필요하다. 남자 친구와의 연락을 두려워

하거나 상처가 보이면 데이트 폭력을 의심해야 한다. 엄마가 걱정할까 봐 쉽게 말하지 못할 수도 있다. 평상시 연애의 어려움이나 고민이 있을 때 언제든 엄마가 도와줄 준비가 되어 있다는 메시지를 전달하는 것이 좋다.

V 내 딸도 성적인 존재

성관계 준비하기!
피임은 실천이다

1   그 누구의
딸도
성적인 존재

초등학교 1학년 담임 교사가 반 아이의 행동이 이상하다며 상담을 요청해 왔다. 학기 초부터 여학생 한 명이 자꾸 책상 모서리에 성기를 비비는 행동을 한다는 것이다. 교사는 어떻게 하면 아이의 행동을 중단시킬 수 있는지 물었다.

내 딸도 성적인 존재임을 인정하자

남자를 성적 존재로 인정하는 우리의 성 문화에서는 남자 아이의 자위를 지극히 자연스러운 현상으로 받아들인다. 성교육 책에는 방에 늘 휴지를 준비해 두라는 말까지 친절히 나

와 있을 정도다. 하지만 여자는 성적인 존재로 인정하지 않기 때문에 성에 관심을 보이거나 자위를 하는 여성들은 과도한 성욕의 소유자, 또는 성적 쾌락에 집착하는 사람으로 인식해 왔다. 심지어 여성의 자위를 억지로 막기도 했다. 19세기 부인과 의사이자 런던 의학 협회 회장이었던 아이작 베이커 브라운 박사는 여성의 자위를 억제하기 위해 음핵 제거 수술까지 했다고 한다. 1900년부터 1950년까지의 문헌 자료에는 〈음핵〉이라는 단어는 거의 찾아볼 수가 없고, 여성의 자위가 자궁암과 뇌전증, 정신착란과 같은 정신적·육체적 문제를 일으킨다고까지 기술되어 있다. 지금도 아프리카 몇몇 국가에서는 여성의 음핵은 위험하다며 제거하는 관습이 남아 있어 감염으로 목숨을 잃는 경우가 빈번하다.

문제는 아이와 여자에게만 금욕을 강조해 왔다는 사실이다. 그 영향을 고스란히 물려받은 우리 여자들은 여전히 성적 존재로 인정받지 못한다. 사춘기 몸의 변화를 수치스러워하고 성적 호기심과 성욕을 느끼는 자신을 비정상이라 여기며 죄책감에 시달린다. 정신 분석학자 지그문트 프로이트는 성을 죄악시하면 이성이 자연스러운 성적 본능을 억압해, 성적 욕구를 일으키는 현실 자아에 죄책감을 느끼게 된다고 한다. 자신에 대한 죄책감과 혐오감은 더 나아가 성 억압으로 이어져 더 큰 폐단을 낳는다. 1996년 미국은 복지 개혁법으로 학교에서 순결 교육을 해왔다. 그렇게 성적 본능을 억압하자 성기 삽입이 아닌 구강 성교 같은 다른 형태의 성교가 여섯 배나 증가하는 일이 벌어졌다. 지나친 성적 억압과 통제가 일탈로 이어지면서 음성적인 성행위가 발달하게 된 것이다. 건전한 성적 욕구를 억압하면 결국 올바르지 못한 길로 빠지기 쉽다. 사회학자 로라 카펜터는 『첫 경험Virginity Lost』에서 순결 교육이 오히려 아이들에게 순결을 지키지 못했다는 죄책감과 자신의 가치가 한없이 추락하는 좌절감을 들게 한다고 밝혔다. 순결만 강조하고 성교육을 하지 않으면 피임을 제대로 하지 못해 성병과 임신 가능성만 높이는 결과를 낳는다. 인간은 누구나 성욕을 가진 성적인 존재이다. 성욕은 식욕이나 수면, 배설과 같은 인간의 일차적 욕구이다.

성욕은 단순히 성관계 욕구가 아니다

성욕은 두근거림부터 보고 싶은 마음, 손을 잡고 싶은 마음, 안고 싶은 마음, 섹스하고 싶은 마음까지를 모두 포함하는, 사랑하고 싶어 하는 성 에너지이다. 특히 사춘기 때는 성호르몬의 영향으로 성 에너지가 본격적으로 강해지면서 성적 호기심과 성 욕구가 높아진다. 이성 교재 경험이 있는 초등학교 고학년 학생 중 23퍼센트가 안기(19퍼센트), 손잡기(33퍼센트), 어깨동무(2퍼센트) 등의 성적인 표현을 해봤다고 한다. 수업 시간에 자주 나오는 질문 중 하나는 뽀뽀와 키스의 차이이다. 성 지식이 있는 아이들은 〈뽀뽀는 입술끼리 닿는 것이고 키스는 혀끼리 움직이는 것이다〉라고 제법 정확하게 말한다. 비밀 쪽지에 궁금한 것을 적으라고 하면 여학생들은 〈첫 경험은 아픈가요?〉, 〈임신이 안 되는 시기는 언제인가요?〉, 〈성관계를 많이 하면 O자 다리가 되나요?〉, 〈오르가슴은 어떻게 해야 느끼고 어떤 느낌인가요? 얼마나 지속되나요?〉 등등의 질문을 적는다. 드러내지 않을 뿐 여자아이들도 성에 대해 관심이 많다는 것을 알 수 있다. 발달 단계에 따라 개인적인 차이는 있지만 아이도 성욕을 느끼며, 이성을 그리워하는 성적인 존재이다. 이 말은 단순한 본능의 차원을 넘어 사랑과 친밀한 관계에까지 관심이 많다는 말이다. 성교육의 기본은 내 아이도 성적인 존재임을 인정하고 원하는 감정을 충분히 표현할 수 있게 하는 것이다.

아이의 자위는 건강하고 자연스러운 현상이다

먼저 아이들의 성적 행동에 대한 이해가 필요하다. 아동의 자위행위와 사춘기 때의 자위행위는 다르다. 아동의 자위는 신체에 대한 호기심에서 시작된다. 심심할 때 자기 몸의 여기저기를 만지다가 느낌이 좋은 곳을 발견하고 다시 그것을 경험하려는 행동이다. 사춘기 자위는 자연스러운 생리 현상의 하나로 시작된다. 자기가 어떻게 했을 때 성적으로 충만감을 느끼는지 탐색함으로써 자위를 통해 성적 욕구를 스스로 조절하고 해결한다. 생물학과 교수 앨프리드 킨제이 박사가 쓴 『킨제이 보고서』에는 자위를 〈신체적, 심리적, 성적 긴장을 감소시키는 방법으로써 안전한 성 경험의 대행, 성에 대한 자신감 증가, 성적 충동의 조절, 외로움의 극복, 긴장의 해소 등의 긍정적인 역할을 한다〉고 묘사되어 있다. 정신적으로나 신체적으로나 오히려 더 좋다는 것이다.

아이의 자위는 자연스러운 현상이다. 딸이 건강하게 잘 성장하고 있다는 증거이다. 아들의 자위와 마찬가지로 딸의 자위도 동일한 시선으로 봐야 한다. 자위에 대한 부모의 반응이 아이의 성 의식에 중요한 영향을 준다. 자위를 부정하는 반응을 보이면 아이는 자위를 통해 느꼈던 좋은 감정을 나쁜 것으로 인식하고 죄책감과 수치심을 느끼며 성적인 느낌을 스스로 억압한다. 아이가 자위하는 모습을 목격했다면 나무라거나 부정적인 반응을 보이기보다 다른 곳으로 관심을 돌리는 것이 좋다. 성적 욕구는 무조건 억누르는 것이 아니다. 어떻게 충족시키고 해소할 것인지 방법을 알고 조절하는 것이 중요하다. 에티켓도 알려 주자. 자위를 할 때는 문을 잠그고, 손을 깨끗이 씻어 생식기 손상과 감염에 주의하고, 뒤처리를 잘해야 한다고 지도하자. 자위에만 집중해서 학교생활이나 일상생활에 방해가 될 정도라면 운동이나 취미 활동 또는 창의적인 활동에도 관심을 가져 성욕을 스스로 조절하는 습관을 들이도록 안내해 보자.

이 글을 읽으면서 여전히 본인은 물론 딸의 자위에 대해 수치심이나 죄책감, 혐오감 같은 불편한 감정이 생긴다면 그 원인이 무엇일지 부모 먼저 스스로의 성 가치관을 한번 들여다보길 권한다. 사회의 이중적인 성가치관을 고스란히 답습한 결과일 수 있다. 우리는 성적인 존재로서 누구나 그것을 누릴 권리를 가졌다는 점을 인정해야 한다. 그래야 우리 사회에 진정한 성평등 의식이 자랄 수 있다.

2 성관계 준비하기

중학생들에게 성관계를 하기 전에 무엇을 준비해야 하는지를 적어 보라고 했더니 콘돔, 휴지, 칫솔, 담요, 가글, 향수, 촛불, 와인 등을 적었다. 주로 개인 위생용품과 로맨틱한 분위기를 만드는 물건들이고, 용기를 내기 위해 술이 필요하다는 대답도 있었다. 성적 자기 결정을 하기 전 실질적으로 준비해야 할 것과 함께 성관계로 인해 발생할 수 있는 결과에 대해서도 구체적으로 알려 줘야 한다. 임신과 출산을 포함해 과학적 성 지식을 바탕으로 한 성관계 교육이 필요하다. 성관계에 대해 이야기할 때는 초등학생에게는 엄마 아빠의 러브 스토리로 시작하고, 중학생 이상인 경우에는 다음에 나오는 내용을 참고하여 성적 자기 결정권을 행하기 전 준비해야 할 것을 구체적으로 설명하자.

준비 1. 만 16세 이상의 성숙한 신체

성적 자기 결정권을 행사하기 위한 첫 번째 준비 단계는 만 16세 이상의 신체적인 성숙이다. 사춘기가 되면 남자와 여자는 어른이 될 준비를 한다. 남자는 사정을 하는 것으로 정자가 생겼다는 것을 알 수 있고 여자는 생리(월경)를 하는 것으로 난자가 나오는 것을 알 수 있다. 이러한 생리 현상을 시작한다고 해서 몸이 다 준비된 것은 아니며, 만 16세까지는 성장을 계속한다. 이즈음이면 자궁이 완전히 성숙할 뿐만 아니라 사춘기 뇌의 발달도 안정기에 접어들면서 이성적인 판단이 가능해진다. 생식기가 완전히 성숙되지 않은 상태에서 성관계를 가질 경우 성장에 문제가 생기거나 생리 불순과 질염을 일으키고 평상시 없던 생리통이 생기기도 한다. 성적 자기 결정권 연령을 만 13세에서 만 16세 이상으로 조정한 이유이기도 하다.

준비 2. 사랑하는 마음

성기의 삽입만을 성관계로 생각하는 아이들이 가끔 성관계를 왜 하냐고 물으면 다음과 같이 대답해 보자.

「좋으니까 하는 거야. 너도 엄마가 안아 줄 때 기분 좋지? 비슷한 거야. 사랑하는 사람들이 손을 잡으면 따뜻한 온기를 느끼며 사랑을 느끼듯이 음경과 질이 만나면서 사랑을 더 깊이 느끼게 돼. 어른들도 사랑하는 사람과 그 마음을 몸으로 표현하기 위한 〈성적 즐거움〉을 함께 나누는 거야.」

마음(정신적 성)과 몸(육체적 성)은 하나로 이어진다. 놀이동산의 귀신의 집에 들어가면 무서운 공포와 긴장감으로 체온이 떨어지고 몸이 얼어붙는 느낌을 경험한다. 마음이 아프면 몸에서 그 통증이 느껴지기도 한다. 감정이 몸으로 전달되는 것이다. 몸과 마음은 서로 신호를 주고받으며 기쁨과 슬픔은 물론 즐거움도 함께 느낀다.

성욕을 느끼는 곳은 성기가 아닌 뇌이다. 사랑하는 마음이 음경과 질에 혈액을 보내 좋은 느낌을 갖게 하면서 애액이 나오는 생리적인 반응들은 모두 뇌의 의식적, 무의식적 작용이다. 성욕을 만드는 것도, 조절하는 것도 사랑을 느끼는 뇌가 하는 일이다. 성관계를 성기와의 단순 결합이 아닌 사랑을 주고받는 관계라고 교육하는 것도 이런 이유이다. 서로 존중과 이해, 배려가 있는 좋은 인간관계가 바탕이 되어야 좋은 성관계로 이어진다.

준비 3. 성관계 교육

아이들이 가장 많이 물어보는 것이 〈정자와 난자는 어떻게 만나요?〉이다. 즉 성관계는 어떻게 하는지를 궁금해한다. 성관계를 이야기하는 것은 여전히 부담스럽겠지만 부모 먼저 성을 긍정적으로 바라보고 남녀의 생식기가 그려져 있는 그림 자료를 보며 과학적으로 접근하여 설명해 보는 것이 좋다. 예를 들면 다음과 같다.

「우리 몸의 생식기에는 구멍이 있는데 남자는 항문과 밖으로 나온 음경 안에 요도(소변과 정자가 나오는 구멍), 즉 2개가 있고, 여자는 안으로 숨어 있는 요도, 질, 항문으로 3개가 있어. 블록을 끼우는 것처럼 음경이 여자의 질 구멍에 들어가는 것을 흔히 말하는 성관계라고 해. 그러나 그 과정은 성관계의 일부분이고 음경이 질에 들어가기 전에 준비해야 할 것들이 있어. 음경은 평소에는 작지만 사랑을 느낀 뇌는 음경에 혈액을 보내 단단하고 길어지게 만들고 윤활유도 나오게 만들어. 질도 음경과 마찬가지로 윤활유가 나오고 음경이 들어올 때 부드럽고 쉽게 들어올 수 있는 상태가 돼. 그래서 음경이 여자의 질 안으로 들어오더라도 꼭 아프지만은 않아. 서로가 충분하게 사랑을 느끼게 되면 정자를 뿜어 내는데 이것을 사정이라고 해. 질 내에 사정된 정자와 난자가 만나서 수정이 되면 아기가 생기는 거야. 아이를 원하지 않을 때는 꼭 콘돔을 사용해야 한다.」

이렇게 성교육을 하다 보면 사랑이 없는 야동 속 섹스 장면에 익숙해져 있는 남학생들은 선생님도 이렇게 하는지, 엄마랑 아빠도 이렇게 하는지 묻곤 한다. 그럴 땐 다음과 같이 말한다.

「성관계를 하지 않았다면 너는 세상에 태어나지도 않았어. 인간이 성관계를 하지 않았다면 지구상에는 아무도 존재하지 않았을 거야.」

이런 대답을 통해 성관계는 사랑의 즐거움 말고도 생명을 만드는 자연스럽고 중요한 과정임을 알려 줄 수 있다. 좋아하는 사람이 안아 주면 행복하듯 서로 좋아하는 마음을 몸으로 표현하는 것이 성관계라는 것을, 그를 통해 생명이 만들어 짐을, 그리고 그 이후에는 책임이 따른다는 것을 알려 주자.

3   이중적 성 문화에서 평등한 성관계 맺기

옛 친구들과 하룻밤을 보내면서 서로 남편과의 연애사를 털어놓게 되었다. 점점 질문의 농도가 짙어지면서 첫 경험을 누구랑 했느냐는 질문이 오가게 되었다. 한 친구가 〈남편과 나는 둘 다 연애가 처음이었어. 나한텐 남편이 첫 남자야〉라고 말했다. 남편을 만나기 전까지 순결을 지켰다는 사실이 은근 자랑스럽다는 듯 말이다. 문득 궁금했다. 과연 그 친구의 남편도 부인이 첫 여자라며 친구들 앞에서 자신의 순결을 자랑스러워할까.

여자의 순결만 따진다

남자와 여자가 사귀다가 헤어진 후 소문이 나면 여자의 평판이 문제가 되곤 한다. 한 여고생이 같은 반 남자 친구를 사귀다가 여학생의 의사로 헤어지게 되었다. 남학생이 앙심을 품고 여학생에 관한 안 좋은 소문을 내고 다녔다. 〈이 남자 저 남자와 자고 다닌다〉, 〈몸을 함부로 굴리고 다니는 걸레다〉 같은 소문이 퍼지자 친한 친구조차 그 여학생을 피하며 색안경을 끼고 봤다. 연애 경험, 연애 상대, 성관계 여부 등으로 여성의 순결과 가치를 판단하는 성 문화로 인해 여학생끼리도 자신은 그런 부류가 아니라는 듯 오히려 남자들과 한편이 되어 그 여학생을 외면했다. 일부 남학생들은 〈어차피 더럽혀진 몸인데 나랑도 자자〉며 성희롱까지 했다. 순결을 지키지 못했다는 죄책감에 부모님 얼굴을 볼 면목도 없다며 괴로워하던 그 여학생은 새로운 남자 친구를 만나는 것도 두려워했다. 〈처녀막(질막)이 없으면 남자가 싫어하고 헤어지자고 하나요?〉, 〈저는 그 남자가 처음이 아닌데 어떻게 그 사람 얼굴을 보죠?〉라며 불안해했다. 이런 불안을 해소하기 위해 어른이 되어서 질막 재건 수술을 받는 경우도 있다.

여성의 경우 성적으로 문란하다고 소문나면 이는 일종의 사회적 사망 선고와도 같다. 더 많은 소문과 편견을 양산하기 때문이다. 딸의 이성 교제에 대해 엄마들이 예민하게 반응하는 것도, 〈N번방〉에서 성적 사진이나 동영상을 뿌리겠다는 협박에 여자아이들이 말을 들을 수밖에 없었던 것도 이런 이유이다.

성적 욕구는 남녀 모두의 권리이다

순결한 여성이라는 사회의 이중적 잣대와 성적 존재로서의 부정은 결과적으로 여성은 성적으로 무지하며 성욕이 없는 존재라는 인식을 낳았다. 여자가 정숙해야 할 이유는 여자가 원해서 그렇게 된 것이 아니라 그 사회의 성 문화를 따른 것이다. 인류학자, 여성학자, 철학자들이 모여서 만든 한국 문화 인류학회에서 펴낸 『낯선 곳에서 나를 만나다』에는 〈성적인 즐거움은 남녀 두 이성이 자연의 법칙에 따라 조화롭게 결합한 결과이다. 그러나 성은 남녀 간의 생물학적 욕망뿐만 아니라 권력에 대한 욕망을 포함하는 복잡한 혼합물로써 남성과 여성 간의 불평등한 권력 문제와도 깊은 관계가 있다〉고 쓰여 있다. 남자의 성 욕구와 여성의 성 욕구가 권력에 의해 좌우되어 왔다는 말이다. 여성은 성적 욕구를 드러낼 수 없는 사회에 살면서 성적 욕망과 행동을 숨기고 살아야 했다. 그 결과 여성에게 성은 자신의 것이 아니며 즐겁지 않은 일이 되었다. 감정에 충실했던 결과가 고통과 손상된 명성으로 돌아오는 경우를 종종 봐왔으니 더욱 그렇다.

과거에 비하면 이 시대 우리의 딸들은 남성과 마찬가지로 사회의 여러 분야에서 강인하게 성장하고 있다. 이성과의 연애에서만 기존의 성 규범대로 행동하는 이중적인 모습은 지양해야 한다. 그래야 이성과 건강한 연애를 시작하고 평등한 성적 관계를 맺을 수 있다. 성에 대해 상대방과 서로 솔직하게 대화할 때 성폭력을 예방하고 성관계로 인해 발생할 수 있는 문제도 대비할 수 있다.

4 　 피임은
실천

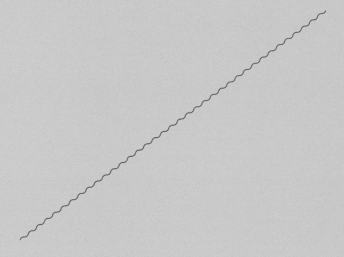

한 고등학교에서 졸업생들에게 콘돔을 선물로 주는 행사를
진행했다. 학생들은 이제 자신들도 어른이 되었다는 생각에
뿌듯해했지만 학부모들은 성관계를 하라는 뜻이냐며 학교를
비난했다. 학교는 이 행사를 없애기로 결정했다. 수업 시간에
바나나를 이용한 피임 교육을 하지 말라는 민원이 제기된 학
교도 있다. 성적 호기심이 왕성한 사춘기 아이들에게 도리어
성관계를 허락하는 게 아니냐는 것이다.

충동적인 성관계는 신체적 위험을 가져온다

임신을 예방하는 가장 좋은 방법은 성관계를 하지 않는 것이다. 그러나 현실은 다르다. 아무것도 모르길 바라는 부모의 마음과는 달리 아이들은 겉으로 드러내지만 않을 뿐 초등학교 6학년에서 중학생 정도가 되면 이성 교제를 통해 성관계를 경험한다고 한다. 〈설마 아니겠지〉라고 생각하는 부모들이 많겠지만 2018년 청소년 6만40명을 대상으로 조사한 청소년 건강 형태 조사 통계에 따르면 성관계 경험이 있다고 응답한 청소년은 전체의 5.7%이며, 첫 성관계 연령은 13.6살이다. 객관적인 통계 외에도 학교 현장에 있는 나로서는 종종 경험하는 일이라 그리 놀랍지는 않다. 가끔 임신이 걱정되어 상담하러 오는 아이들을 보면 알 수 있다. 하루는 한 중학생이 머뭇거리며 상담실에 들어와 임신 테스트기를 얻을 수 있는지 물었다. 학교 선배를 사귀고 있는데 성관계를 원하진 않았지만 어쩌다 보니 피임 도구도 준비 못한 채 관계를 가졌다고 한다. 처음엔 거부했지만 선배가 자신을 믿지 못하느냐며 질외 사정을 하면 문제없다고 말해서 성관계를 했다는 것이다. 그래서 당시에는 임신에 대한 걱정이 없었지만 이후 생리를 하지 않으니 걱정이 되었다고 한다. 하루하루 생리 날짜가 미뤄질수록 피가 마르고 죽고 싶은 생각까지 들 정도로 마음이 불안한 상태였다. 검사 결과 다행히 임신은 아니었다. 준비 없이 이루어진 성관계는 원치 않는 임신으로 이어질 수 있다. 특히 남자아이들의 경우 임신이나 출산을 자기가 직접 겪는 것이 아니기에 그 심각성을 잘 인지하지 못한다.

　피임을 하지 않는 이유는 한 번의 성관계로도 임신이 가능하다는 사실을 잘 몰라서(34.8퍼센트), 성관계를 예상하지 못해서(19.9퍼센트), 피임할 시간이나 도구가 없어서(29.5퍼센트)라고 한다. 특히 사춘기 아이들은 자신만은 임신이나 낙태, 성폭력에서 안전할 것이라고 생각한다. 즉 자기가 벌인 행동이 불러올 수 있는 부정적 결과를 전혀 고려하지 않고, 자신은 불행의 주인공이 될 리 없다는 안일한 생각을 한다. 10대들의 임신은 준비된 것이 아닌 충동적인 성관계로 인해 발생하는 경우가 많다. 성지식의 결여와 피임 방법에 대한 오해와 편견으로 피임 실천율이 낮다.

피임 교육은 성관계를 책임지는 법을 알려 주는 것이다

　아이들의 성숙함을 현실로 받아들여야 한다. 고전적인 성교육만 고집하다가는 문제를 예방하기 어렵다. 부모가 아이에게 호신술을 가르친다면 자신의 몸을 지키라는 것이지 싸우라는 것이 아니다. 피임도 마찬가지로 임신으로부터 자신의 몸을 지키기 위한 예방적인 차원에서 필요한 교육이다. 딸이 이성 교제를 시작했다면 성관계로 이어질 수 있음을 받아들이고 임신에 대한 가능성을 자신의 일로 여길 수 있도록 실질적인 교육을 해야 한다. 스웨덴은 예방적 차원에서 만 13세 이상 청소년들에게 콘돔을 무료로 지급한다. 호주는 청소년 성교육자 대상을 학부모, 교사, 의사 등 아이들을 대하는 모든 사람들로 넓히고 금욕주의적 교육에서 스스로에 대한 판단력을 기르는 방식으로 교육 방침을 개선했다. 미국 피임 교육의 핵심은 청소년이 자기 자신을 지키는 방법을 가르치는 데 있다. 성관계를 하기 전에 준비해야 할 것부터 성관계에 대한 책임까지 제대로 알려 주는 교육이 필요하다.

피임에 관한 오해가 아이들을 위험에 빠뜨린다

특히 남학생들의 피임에 대한 잘못된 지식으로 피임이 제대로 안 되는 경우가 많다. 콘돔을 쓰지 말자는 남자 친구의 말에 설득당하거나 콘돔 사용 유무에 대한 이야기 없이 암묵적으로 질외 사정에 동조해 6개월 이상 관계를 맺은 여학생의 3분의 2가 임신과 낙태를 경험한다고 한다. 우선 딸들이 피임에 대해 잘못 알고 있는 상식부터 바로잡아 주자.

1. 피임에 관한 오해

생리 중에 성관계를 하거나 배란일을 피해서 하면 임신이 안 된다고 오해를 할 수 있다. 인간의 몸은 강한 충격이나 쇼크, 스트레스를 받으면 생체 리듬이 변한다. 배란 기간이 아니어도 배란이 될 수 있다. 만 16세 전까지는 생리 주기나 배란일이 불규칙해 한 번의 성관계로도 임신 가능성이 높고 생리 기간 중에도 1백 퍼센트 안심할 수 없다. 특히 생리 기간 중에는 질과 자궁이 약해져 성관계로 인해 질병이 발생할 위험도 있다.

2. 끝나자마자 바로 씻으면 된다는 오해

성관계 후 질 안에 있는 정액을 흘려보내거나 씻어 내도 일부의 정자는 질 내에 남아 임신이 될 수 있다.

3. 남자가 알아서 질외 사정 한다는 오해

질외 사정법은 성교 시 질 안에 사정하지 않고 음경을 질 밖으로 빼내어 사정하는 방법이다. 타이밍을 놓쳐 음경을 제때 빼내지 못하면 실패할 확률이 높다. 또 정자는 사정할 때만 나오는 것이 아니라 남자가 흥분할 때 분비되는 쿠퍼액 속에도 존재해 피임의 방법이 될 수 없다.

4. 콘돔을 끼면 좋은 느낌이 감소한다는 오해

콘돔의 두께는 0.03밀리미터이다. 촉감을 느끼기에 크게 문제되지 않는다. 오히려 콘돔이 너무 크거나 작으면 좋은 느낌이 줄어들 수 있으므로 음경의 크기에 맞게 사용하는 것이 좋다.

5. 콘돔을 준비하는 여자는 성경험이 많다는 오해

콘돔은 남자가 준비하는 게 맞다고들 생각한다. 하지만 피임은 남성과 여성이 함께 책임져야 할 성적 자기 권리이다. 남녀 모두 상대에게 피임 문제를 먼저 말할 수 있어야 한다. 상대가 원치 않는다고 해도 자신이 원한다면 피임 도구의 사용을 주장해야 한다. 가령 콘돔이 없는 상태에서 상대방이 성관계를 요구하면 거절하는 것이 낫다.

올바른 피임법을 알려 주자

딸에게 〈명확한 피임 방법 없이는 섹스를 하지 않는다〉라는 철칙을 세우게 하자. 몸의 주인은 자기 자신이므로 스스로 선택할 수 있어야 한다. 피임법을 정할 때는 피임 효과, 사용 기간, 사용 편리성, 부작용이나 합병증 유무, 성생활에 끼치는 영향, 비용, 구입 편리성 등을 꼼꼼히 따져본 뒤 선택하도록 지도해 주자. 청소년기의 피임약은 그 특성을 감안하여 선택해야 한다. 흔히 사용할 수 있는 구강 피임약과 콘돔 그리고 사후 피임약에 대해서 알아보자.

1. 경구용 피임약

여성 피임제는 호르몬을 조절하는 기능이 있으며 매일 정확한 시간에 28일 기준으로 복용한다. 피임을 처음 시작할 때 보통 생리 첫날부터 매일 같은 시간에 한 알씩 21일간 복용 후 7일은 쉰다. 휴약기 동안 대개 생리를 하며 7일이 지나면 다시 피임약을 복용한다. 90퍼센트 이상의 피임 성공률을 보이며 하루라도 먹지 않으면 확률이 5퍼센트 준다. 원하는 기간에만 할 수 있지만 빼먹을 수 있으므로 유의해야 한다. 또한 부작용으로 불규칙한 생리나 출혈이 있을 수 있다.

2. 콘돔 피임법

남성용 피임제인 콘돔은 피임뿐 아니라 성병의 위험까지 줄인다. 콘돔은 링처럼 둥글게 말린 얇은 고무 막을 남자의 음경에 씌워 정액이 자궁 안으로 들어가지 못하도록 막는다. 정확히 씌우고 뒤처리만 잘하면 98~99퍼센트의 피임 효과가 있다. 하지만 잘못 사용할 경우 피임 효과를 볼 수 없으므로 주의해야 한다.

사춘기 아이들은 구체적인 성교육이 없으면 피임을 자신과는 무관한 일로 여기는 경향이 있다. 그래서 상상 교육이나 체험 교육으로 직접 해보도록 하는 게 좋다. 어떻게 사용하는지 몰라 씌우는 과정 중에 구멍을 내거나 질 내에서 빠지는 경우도 있으므로 교육용 성기 모형이나 바나나를 이용해 직접 콘돔 씌워 보기를 해보면서 피임법에 대해 친근감을 갖는 것도 좋다.

콘돔은 편의점, 약국, 드러그 스토어(의약 화장품 판매점), 지하철 자판기 등에서 구입할 수 있으며, 사이즈나 모양, 색깔 등이 다양하다. 콘돔 구입 시 자신의 사이즈에 맞게 구입해야 하며 콘돔 자체에 이상이 있는지도 확인해야 한다. 콘돔에도 유통 기한이 있으므로 오래된 콘돔은 사용하지 않는 것이 좋다. 준비가 되었으면 콘돔이 찢어지지 않게 주의하면서 포장에서 꺼낸 뒤 콘돔에 구멍이 뚫린 건 아닌지 확인 한 후 남성의 성기가 단단하게 발기가 된 상태에서 여성의 성기에 접촉하기 전에 씌운다. 콘돔을 착용할 때는 끝부분의 돌출 부위를 살짝 비틀어 납작하게 하여 공기를 뺀 후 한 손으로 성기 끝에 씌우고, 다른 한 손으로 말려 있는 것을 밑으로 쭉 내리며 성기가 다 덮이도록 편다. 콘돔이 질 속에서 벗겨지지 않도록 주의하고 사정이 끝난 후에는 성기가 작아지기 전에 질 밖으로 빼서 콘돔을 제거해야 한다. 이때 정액이 쏟아지지 않도록 주의하며 제거한 콘돔은 끝을 잘 묶어 종이에 싸서 버린다.

3. 사후 피임약

사후 피임약은 피임이 잘못됐을 때, 원치 않는 성관계를 했을 때, 사전에 피임을 하지 못했을 때, 성폭행을 당했을 때 등 응급 상황에서 사용하는 방법이다. 병원에서 처방을 받은 뒤 약국에서 구입할 수 있다. 성교 후 정자와 난자가 만나서 만들어진 수정란이 난관을 따라 이동하여 약 72시간 후 자궁에 도달하므로, 성교 후 72시간 내에 처음 용량을 복용하고 그후 12시간이 지난 후 두 번째 용량을 복용하여 수정란의 착상을 방해하는 원리이다. 피임 성공 확률은 75퍼센트이다. 약을 복용한 후 생리 예정일에서 1~2주가 지나도 생리가 없다면 병원에 가서 초음파 검사로 임신 여부를 확인해야 한다. 하지만 사후 피임약은 부득이한 경우가 아니라면 함부로 먹어서는 안 된다. 고농도의 호르몬 약으로 여성의 생리 현상이나 주기에 영향을 미쳐 생식기에 심한 통증이나 어지러움의 부작용이 나타날 수 있다. 이럴 땐 즉시 병원에 가야 한다.

구체적인 임신 증상도 알려 주자

피임이 실패했을 때를 대비해 임신 증상에 대해 알아야 한다. 처음 생리가 멎으면 임신을 의심해야 한다. 임신 초기에는 속이 메슥메슥하고 구역질이 나거나 식욕이 없고 음식 냄새를 맡기 싫을 정도로 입덧 증상이 나타날 수 있다. 반면 오히려 식욕이 왕성해지는 경우도 있다. 임신이 진행되면 젖꼭지와 그 둘레가 거무스름해지며, 분비물이 나오거나 유방이 무거워지는 등 뚜렷한 변화가 생긴다. 평소에는 부지런한 사람도 몸이 나른해지고 충분히 잠을 잤는데도 자꾸 졸리고 몸이 으슬으슬 춥기도 하다. 하지만 이런 증상들은 자가 진단의 한 방법일 뿐 정확한 진단을 위해서는 산부인과 전문의의 진찰이 필요하다. 위와 같은 증상은 다른 신체적인 이상이 있을 때도 나타날 수 있기 때문이다. 예정일보다 생리가 1~2주 늦어질 경우 약국에서 임신 진단 시약을 구입해 테스트해 보면 결과를 금방 알 수 있다.

피임 교육의 목적은 몰랐던 피임법을 가르쳐 안전하게 성관계를 하라는 말이 아니라 준비되지 않은 임신으로 여자와 아기 모두에게 불행을 가져다주는 것을 예방하는 것이다. 임신과 출산의 어려움은 온전히 여자 몫이 된다. 피임은 스스로를 지키는 의사 표현으로 원하지 않는 임신을 피하는 방법이다. 1백 퍼센트 완벽한 피임법은 없으므로 성관계 후의 결과에 대해 책임질 수 있는가를 생각해 봐야 한다.

만약 아이가 피임 실패로 임신을 했다면 누구나 실수할 수 있다고 말해 주고, 혼자 해결하게 하기보다 부모와 남자 친구 그리고 그의 가족 등이 모두 모여 최선의 방법을 찾아야 한다.

5　낙태와
출산 사이

〈10대의 임신〉하면 두 개의 장면이 떠오른다. 하나는 고등학교 때 교련 시간에 보았던 15분짜리 낙태 영상이다. 자궁 내부에 설압자 같은 도구를 넣자 태아처럼 생긴 어떤 형태가 이리저리 움직이다가 사라지는 광경이었다. 나는 이 장면이 트라우마처럼 뇌리에 박혀 지금도 〈낙태〉 하면 그 장면부터 떠오른다. 이후 비디오 속에서 보았던 현장을 간호대학교 산부인과 실습 때 보게 되었다. 중학교 여학생이 이모와 함께 진료를 받으러 왔는데 진찰 결과 임신 6개월이었다. 평소 생리가 불규칙했기에 임신이라고는 전혀 생각하지 못하고 왜 이렇게 살이 찌고 잠이 쏟아지는지 궁금했다고 한다. 겉으로 드러나지 않을 뿐 임신과 낙태의 기로에 선 아이들이 많은 것이 현실이다.

임신 사실을 알았다면 비난하기보다는 감싸 주자

만약 10대 딸의 임신 소식을 들었다면 어느 부모라도 하늘이 무너질 것 같은 심정일 것이다. 임신이 인생의 걸림돌이 될 수 있다. 아이는 임신이라는 사실을 확인했다면 부모에게 먼저 알릴 수 있어야 한다. 물론 자신조차 믿기 어려운 사실을 부모나 교사 혹은 누군가에게 알린다는 것이 쉬운 일은 아니다. 하지만 부모나 주변 사람의 실망과 비난 혹은 집에서 쫓겨날까 두려워서 말하지 못하고 혼자 해결하려다가 오히려 또 다른 위험에 빠질 수 있다. 낙태 비용을 마련하기 위해 성매매를 하거나 낙태가 가능한 시기를 놓치기도 한다. 아이를 성적으로 문란하다고 비난하거나 죄책감을 들게 하는 말을 삼가고, 가장 괴롭고 아픈 사람은 딸이라는 사실을 인지해야 한다.

10대의 임신은 학업은 물론 정신적, 육체적 고통이 따를 수밖에 없다. 서로 책임질 수 있는 위치가 아니므로 상대방에게 책임을 떠넘기고 그러한 과정에서 배신감과 불신이 커지면서 자신들의 경솔한 행동을 후회하게 되고 결국 헤어지는 경우가 많다. 이러한 과정을 겪으며 자존감이 떨어지고 자학하기도 한다. 아이가 포기하지 않고 다시 건강한 청소년기를 보낼 수 있도록 부모는 관용을 베풀어야 한다. 자식이 힘들 때는 언제든 부모를 찾을 수 있어야만 한다. 평상시 어려운 일이 생기면 혼자서 해결하려 하지 말고 부모에게 도움을 청할 수 있도록 지도하지.

건강과 행복을 고려한 최선의 선택은 무엇일까?

10대가 임신을 하면 낙태와 출산 중 어떤 것이 최선의 해결책이 될까? 둘 다 쉬운 일은 아니다. 중요한 것은 아이의 건강권과 행복 추구권을 지키는 것이다. 딸이 남자 친구와의 관계, 자신의 건강 상태, 사회적 여건, 자신의 미래 등을 충분히 고려하여 결정하도록 곁에서 지켜 주면서 그 결정을 지지하고 응원해야 한다. 아이에게 무리하게 출산이나 낙태를 강요하지 말고 아이가 삶의 주체로서 선택하고 그 결정에 책임질 수 있도록 적극적으로 도와야 한다. 다른 사람이 대신 선택을 할 경우 평생 죄책감에 자신을 학대할 수 있으므로 전문가의 도움을 받는 것도 좋다. 낙태의 경우 임신 기간이 짧을수록 건강에 미치는 영향이 덜할 수 있다.

낙태를 결정한다면

한국 사회에서 낙태는 건강상의 이유나 성폭력으로 인한 임신 등 특별한 경우가 아니면 모두 불법이었다. 형법상 범죄로 규정되어 출산을 원치 않아 낙태 수술을 받으려는 여성은 범죄자가 되는 부담을 감수해야 했다. 낙태 수술을 제대로 해주는 병원을 찾기 어려웠고 수술 중 의료 사고가 발생해도 문제 제기를 할 수 없으니 여성 혼자 위험을 감수해야 했다.

이에 2019년 4월 11일 헌법재판소는 낙태죄가 임신한 여성의 성적 자기 결정을 지나치게 침해한다고 보고 헌법 불일치로 낙태죄 무죄 판결을 결정했다. 헌법 재판소의 결정에 따라 2020년 12월 31일까지 관련 법이 개정되어야 했지만 이뤄지지 않으면서 낙태죄 조항은 2021년 1월 1일부터 사실상 효력을 상실해 여성과 태아의 생명권을 보호하기 위한 대체 입법 마련이 시급한 상황이다.

낙태는 자연 유산, 조기 분만, 저체중아의 위험성, 비정상 자궁 출혈, 자궁 천공, 자궁 염증, 태반 잔류, 복막염, 자궁 무력증, 자궁 외 임신, 불임 등의 후유증이 따를 수 있다. 심리적으로는 상당 기간 죄책감과 수치심에 괴로워하기도 한다. 후유증을 최소화하기 위해서는 낙태 후에도 산후 조리를 하듯 정신적으로도 조리를 잘해야 한다. 키울 수 없는 환경과 자신의 미래를 고려한다면 낙태도 책임 있는 태도의 한 방법이다.

출산을 결정한다면

출산 후의 삶에 대해 구체적으로 생각해 봐야 한다. 분만 연령이 낮을수록 아이가 조산아나 미숙아로 태어날 확률이 높다. 또 난산으로 인해 산모의 건강이 위험해질 수도 있다. 아이가 태어나면 당장 육아 문제에 직면한다. 학생 신분의 미혼모에 대해 냉대와 조소를 일삼는 우리의 사회 문화적 상황에서 학교를 계속 다니며 육아를 한다는 것은 매우 어렵다. 임신하는 동안 학업을 병행할 수 있도록 10대 임산부가 다닐 수 있는 대안 학교가 신설되어 공부를 이어갈 수 있지만 출산 후 학교를 중퇴하거나 자기 계발 기회를 포기해야 하는 경우도 발생한다. 학업에 있어서 더 이상 성장하지 못하고 경제적으로도 어려운 위치에 놓이게 된다. 결국 기존의 생활 기반을 잃어 신체적, 정신적으로 불안정한 상태가 지속될 수 있다. 홀로 자립할 수 있는 사회적인 여건이 마련되지 않은 이상 아이를 낳기로 한 결정에 부모가 공감하기는 어려운 것이 현실이다. 출산을 선택하고 싶어도 경제적, 심리적으로 부모에게서 독립하지 못하고 전적으로 의지할 수밖에 없다. 또한 여학생 산모에 대한 국가의 지원이나 배려가 전무한 실정이다. 10대가 아이를 낳으면 결국 그 몫은 부모에게 돌아가게 된다.

이러한 조건 속에서도 아이가 출산과 양육에 대한 확고한 의지를 가졌다면 여성의 성적 자기 결정권과 자율성이라는 측면에서 존중해 주어야 한다. 부모는 아이가 낙태와 출산 중 어떤 것을 선택해도 그 선택을 인정하고 정상적인 삶으로 회복되어 돌아갈 수 있도록 도와야 한다. 이 일이 인생에서 결코 사소한 일이라고는 못 하지만 그렇다고 삶을 포기할 정도의 일은 아니라는 것, 죽을 일도 아니라는 것, 누구나 인생에서 한 번쯤은 실수할 수도 있는 것이라며 담담하게 현실을 받아들이고 적응할 수 있게 도와야 한다. 결혼 제도 밖 출산이라는 이유로 어쩔 수 없이 출산을 포기하지 않도록 충분한 보육 시설과 육아 비용 지원, 사회적인 인식 개선이 필요하다. 아이를 낳은 것은 엄마 개인이지만, 키우는 것은 엄마나 아빠 개인의 책임이 아닌 공공의 책임이어야 한다. 특히 주변 사람이나 학교에서도 낙태나 미혼모에 대한 편견을 버리고 아이를 낙인찍거나 범죄자로 만드는 일은 없어야 한다. 개인의 성적 부도덕이나 무절제를 문제 삼기보다 성교육의 부재와 학업, 건강, 양육 문제 등의 사회 문제로 보고 함께 보호하고 지지해야 할 대상으로 바라보아야 한다.

VI 성적 위험으로부터 지키기

딸을 성적 대상으로 보는 사회,
이중적인 성적 잣대를 인식하자

1 성폭력은 성관계가 아닌 폭력

초등 저학년에게 성폭력 가해자는 어떤 모습일지 그려 보라고 하면 대부분 얼굴에 상처가 있거나 마스크를 쓴 다소 험악한 얼굴을 그린다. 그러나 성범죄자 중에는 믿기지 않을 정도로 선량하게 생긴 사람이 많다. 게다가 누군가에게는 따뜻하고 친절하며 좋은 사람으로 평가받는 사람들이다.

성 욕구는 통제가 가능하다

정신의학자 지그문트 프로이트는 인간의 마음을 원초아, 자아, 초자아로 나누었다. 원초아는 배가 고프거나 성욕을 느끼는 등 본능적인 쾌락을 추구한다. 초자아는 도덕적인 관념과 올바른 가치를 따른다. 이 둘 사이에서 자아는 본능과 이성을 조절하며 현실에서 수용되는 방법을 따른다. 예를 들어 배가 고파 옆 사람이 먹고 있는 음식을 뺏고 싶은 욕구가 생겨도 그것을 행동으로 옮기지 않는 이유는 그러한 행동이 죄가 된다는 것을 아는 이성이 현실적인 대안을 찾기 때문이다. 〈보기보단 맛이 없을 거야〉, 〈지금은 참았다가 나중에 사 먹어야지〉라는 식으로 욕구를 조절한다는 것이다.

그동안 우리 사회는 남성의 성 욕구를 큰 죄로 보지 않았다. 남성의 성적 본능은 통제 불가능하다는 인식 때문이었다. 이런 인식이 관습이 된 나머지 성폭력을 본능적이고 억제할 수 없는 성 충동으로 정의하고 성적 욕구를 해결하기 위해 성폭력을 용인하는 환경, 즉 〈강간 문화〉가 형성되기도 했다. 특히 권위주의적 조직 문화에서 지위의 힘을 이용해 자신의 욕구를 해결하려는 경우가 많았다. 이렇게 성적 욕구를 반드시 해소되어야 할 것으로 여기면 폭력이 합리화된다. 자신의 성적 욕구를 해결해 주지 못한다고 생각했을 때 권위를 가진 자는 폭력을 쓴다. 또 성적 욕구를 남성다움으로 여기고 과시하거나 그 능력을 입증하는 방법으로 데이트 폭력과 가정 폭력, 성폭력을 가하곤 한다.

성폭력은 권력에 의한 폭력이다

성욕은 인간이라면 누구나 가질 수 있는 자연스러운 욕구이다. 이러한 성 욕구는 과연 통제가 불가능한 것일까? 여성을 성적인 존재로 인정하지 않는 지금과 달리 고대에는 여성을 관능적이고 육체적 충동에 쉽게 사로잡히는 존재로 인식했다. 반면 남성은 성욕과 충동을 억제할 수 있는 이성을 가진 존재로 우정과 지적인 관계를 유지할 수 있는 존재로 인식했다. 성은 자연적이지만 누가(권력자) 어떤 가치를 부여하느냐에 따라 성에 대한 정의가 달라질 수 있음을 인정하고 그에 대한 통찰이 필요하다.

성폭력을 단순히 개인의 문제로 여기며 가해자와 피해자로 나누기보다 사회의 구조적인 문제로 접근해야 한다. 아동 성매매나 장애인 성폭력, 일본군 성 노예, 전쟁 중 성 학대, 군대 내 성폭력에서 알 수 있듯이 성폭력은 힘과 권력, 경제력이 없는 약자에 대한 위계 폭력이다. 자신의 욕구를 채우기 위해 약자에게 가하는 폭력의 문제이다. 누가 지갑을 빼앗아 가면 그 폭력에 항의하듯 성폭력도 당당히 폭력이라고 말해야 한다.

2 성적 호기심, 〈장난〉이 아닌 〈성폭력〉

고등학교 때 어쩌다 학교에 일찍 도착하면 학교 주변을 서성이는 〈바바리맨〉을 볼 수 있었다. 소문을 들어 익히 알고는 있었지만 막상 눈앞에 나타나니 머리가 하얘지는 느낌이었다. 얼른 교실로 들어와 친구들에게 이 사실을 알리면 자신들도 겪었던 일이라며 위로해 주곤 했다. 어느 코미디 프로에서 바바리맨을 개그 소재로 다룬 적이 있다. 당한 사람은 결코 떠올리고 싶지 않은 끔찍한 행동을 장난처럼 묘사하는 행태가 몹시 실망스러웠다.

성적 권리를 침해하는 모든 행동은 성폭력이다

다행히 이런 장면도 성폭력이 된다는 인식으로 사라지고 있다. 그러나 일부 남학생들은 성적 호기심을 이유로 만만한 여학생들을 골라 짓궂은 장난을 하곤 한다. 복도를 지나가면서 가슴을 툭 치거나 다리나 엉덩이 같은 신체 부위를 언급하고, 생리대를 가지고 놀린다. 동성끼리 성기를 만지고 도망가기도 한다.

〈스쿨 미투〉가 한창일 때 여고와 남녀 공학에 다니는 여학생들을 대상으로 성폭력 성 인지 감수성을 조사했다. 여고 학생들은 성폭력 경험이 적은 데다 일상에서 일어날 수 있는 성차별이나 여성 혐오 등을 성폭력으로 인식할 정도로 높은 성 인지 감수성을 보였다. 반면 남녀 공학의 여학생들은 일상 속의 성차별과 여성 혐오에 더 많이 노출되었지만 성폭력에 대해서는 별일 아닌 것으로 여기고 있었다. 성적인 장난 자체가 성폭력인데 이를 폭력으로 인식하지 않았다. 화가 나도 같은 반 친구라서 참고 넘겼다고들 했다. 항의하는 여학생이 있으면 남학생들은 〈뭐, 그 정도를 성폭력이라고 그래. 그럼 세상 모든 것이 성폭력이겠네?〉라며 오히려 여학생의 예민함을 탓한다는 것이다. 또한 교사에게 문제를 제기해도 〈남학생들은 원래 장난이 심하다〉거나 〈널 좋아하기 때문〉이라며 가벼이 넘긴다는 것이다. 용기 내서 성적 불편함을 이야기하면 결국 〈쿨〉 하지 못한 예민한 사람, 장난도 받아들이지 못하는 옹졸한 사람으로 취급해 침묵할 수밖에 없는 상황들이 생긴다.

아이들은 폭행과 협박, 강간이 있어야 성폭력이라고 인식하고 있었다. 일례로 어느 여학생은 아빠도 딸의 몸을 함부로 만질 수 없고, 본인이 싫다고 말할 권리가 있다는 것도 몰랐다. 나중에 학교에서 성교육을 받고 나서야 아빠의 행동이 성폭력임을 인지하고 도움을 청할 수 있었다.

성폭력은 상대의 성적 자기 결정권을 침해하는 행위이다. 성희롱, 성추행, 성폭행 등 〈상대의 허락 없이 성적 권리를 침해하는 모든 행동〉이다. 우리의 딸들을 성폭력으로부터 지키기 위해서는 〈성 인지 감수성〉부터 키워야 한다. 성적 불쾌감을 문제로 인식할 수 있어야 그 문제를 해결하려는 노력도 따른다.

한쪽이라도 불쾌하다면 폭력이다

어른들의 성폭력 민감성도 아이들에게 중요한 영향을 준다. 일상 속에서 성폭력의 작은 불씨를 키우지 않도록 건강하고 모범적인 경계를 지켜야 한다. 아이의 방에 들어갈 때는 노크를 하거나 아이의 물건을 함부로 만지지 않는 등 아이의 경계를 존중해야 한다. 물론 신체에 대한 경계도 매우 중요하다. 사춘기가 시작되면서 몸이 성장하는 딸들에게 몸에 대한 지나친 관심 표현도 삼가는 것이 좋다. 가령 몸매가 어떻다거나, 가슴이나 엉덩이가 어떻다거나 하는 등 몸에 대한 과도한 언급은 몸의 변화에 적응 중인 아이에게 수치심을 주기 쉽다.

어릴 때부터 아이를 존중해 주자. 자존감은 한순간에 생기는 것이 아니라 어릴 때부터 부모가 한 인격체로서 존중할 때 생긴다. 아이가 싫다고 해도 〈장난이야, 아빠가 예뻐서 그래〉라며 의사를 존중하지 않는 건 원치 않는 행동을 강요하는 것과 마찬가지이다. 이런 상황에 익숙해지면 아이는 남자 친구와 비슷한 상황이 주어졌을 때 침묵해 버릴 수 있다. 더 나아가 또래 남자나 주변 어른들이 행하는 성폭력 상황을 의심하지 않고 사랑이라고 착각할 수 있다.

가족이나 친척과의 포옹 등 신체 접촉으로 친밀감을 표현하는 것을 딸이 불편해한다면 지양해야 한다. 다른 사람에게 뽀뽀해 주라는 식의 강요도 하지 말아야 한다. 말이나 가벼운 악수, 하이파이브 같은 아이가 원하는 방식으로 친밀감을 표현할 수 있도록 돕자. 아이의 경계는 아이가 스스로 정해야 한다.

만약 누군가 허락 없이 아이를 만지거나 놀려 아이에게 불쾌감을 주었다면 즉시 그만둘 것을 당당하게 요구하라고 지도하자. 하지 말라고 해도 상대가 같은 행동을 반복하면서 사과도 하지 않는다면 증거물을 잘 남겨 두고 부모나 교사에게 말하게 해야 한다. 하지만 교사가 아이 편에 서지 않고 성폭력을 장난으로 치부한다면 아이의 〈경계를 보호 받을 권리〉를 해치는 행위이다. 이럴 땐 부모가 직접 문제를 제기할 수 있어야 한다.

흔히들 말하는 〈장난〉이나 〈놀이〉는 서로 재미있고 즐거워야 성립하는 것이다. 한쪽이라도 불쾌하다면 그것은 폭력이다. 장난과 사랑이라는 이름으로 일상적인 폭력이 행해지는 것은 아닌가를 생각해야 한다.

3 이중적인
성적 잣대

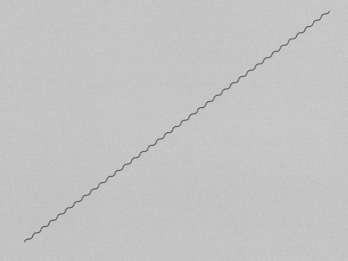

여학생들이 종종 〈남자애들이 복도를 지나가면서 은근슬쩍 몸을 부딪혔어요〉, 〈뜀틀을 하고 있는데 체육 선생님이 엉덩이를 만졌어요〉라며 불편을 호소한다. 그런데 그 자리에서 큰소리를 내거나 따지지는 못했다고 한다. 사실 99퍼센트의 여성이 성폭력을 경험한다고 한다. 여자라면 누구나 한 번쯤은 경험하는 셈이다. 그런데 왜 피해 사실을 쉽게 말하지 못했을까?

성폭력 당할 만한 여성은 어디에도 없다

인근 중학교에서 남학생 네 명이 여학생 둘을 집단 성폭행한 사건이 있었다. 모범생이던 남학생들은 함께 공부를 마친 후 종종 음란 영상물을 보곤 했다. 이들은 우연히 채팅을 통해 만난 여학생들을 미리 알아 두고는 후미진 비닐하우스로 끌고 가 영상물에서 본 대로 성폭행을 시도했다. 다행히 여학생 한 명이 도망쳐 나와 신고를 했다. 그런데 가해자와 그의 가족들은 사과는커녕 오히려 피해자 앞에서 당당했다. 남학생들은 모범생인 자신들과 달리 여학생들은 일명 〈노는 애들〉이고 오히려 먼저 유혹했다고 가해 사실을 부인했다. 가해자 측 부모들 역시 〈채팅에서 만나는 애들은 뻔하지 않느냐〉고 반문하며 여학생들이 원인을 제공했다고 주장했다. 사건의 쟁점을 가해자의 행위에 두지 않고 피해자의 평소 행실을 문제 삼으며 피해자에게 2차 피해를 가한 것이다.

이처럼 사회는 여성을 〈보호받아야 할 여성〉과 〈성폭력 당할 만한 여성〉으로 구분한다. 밤 늦게 다니거나 몸이 드러나는 옷을 입으면 문란한 것이고 남성의 성욕을 자극해 성폭력을 유발한 것이니 그런 여자는 보호할 필요가 없다고 보는 것이다. 이 때문에 성폭력 가해자에게 책임을 묻는 게 아니라 피해자의 평소 〈행실〉 즉, 얼마나 〈정숙함〉을 잘 지켰는가를 따져 묻는다.

여성을 침묵하게 만드는 것들은 너무 많다

여성이 성폭력을 당하고도 피해 사실에 대해 침묵하는 이유는 바로 피해자를 순결치 못한 사람으로 낙인찍거나 원인 제공자라 믿는 사회 통념 때문이다. 결국 피해자마저 스스로 비난의 화살을 자신에게 돌리며 피해 신고를 하지 않게 된다. 가해자를 탓하기보다 피해자가 스스로 〈나는 과연 정숙했는가〉, 〈나에게는 문제가 없었나?〉를 살피게 되는 〈피해자 유발론〉은 성폭력을 비롯한 여러 부당한 폭력에 대해 여성이 적극적으로 대처하지 못하게 만든다. 변월수 사건을 영화화한 「단지 그대가 여자라는 이유만으로」는 이러한 성폭력의 편견을 단적으로 보여 준다. 성폭행을 당하려던 한 주부가 방어 본능으로 저항을 하다 폭행자의 혀를 자르는 상해를 입혔다. 오히려 상대편으로부터 고소를 당하고 급기야 구속당해 유죄 판결을 받아 사회적인 문제가 되었다. 그때 그녀는 이렇게 말했다.

「나는 세 번의 성폭행을 당했다. 한 번은 〈폭행 현장〉에서, 또 한 번은 〈재판 과정〉에서, 세 번째는 〈가정〉에서다. 만일 또 다시 이런 일이 내게 닥친다면 순순히 당하겠다. 그리고 아무에게도 말하지 않겠다.」

그녀는 성폭력에 대한 사회적 편견에 자살까지 시도했다. 이러한 피해자 유발론과 더불어 사법 기관의 낮은 처벌 또한 여성을 침묵하게 만드는 원인이다. 가해자 입장에서는 처벌이 가볍다는 걸 알기에 가해 동기를 확산시키고, 피해자 입장에서는 더 큰 피해를 당할 것이라는 사실로 입을 닫는다.

미국 성폭력 가해자 연구가인 배런과 스트러스Baron and Straus는 성폭력의 원인은 〈학습된 여성 억압과 여성 혐오이며, 성폭력을 부추기는 사회·정치·경제 구조〉에 있다고 말했다.

노출이 있는 옷을 입었다고 해서, 밤 늦게 다녔다고 해서, 술을 먹었다고 해서, 웃었다고 해서 여성이 성폭력에 동의한 것일까? 자신의 개성을 표현하는 수단으로 옷을 입고, 자유롭게 시간을 가지고 사람들과 즐기는 것이 비난의 빌미가 된다면 엄연한 성차별이다. 미국의 한 대학교가 성폭력 당시 피해자가 입었던 옷을 조사해 보니 청바지, 긴 치마, 재킷, 운동화, 점퍼가 대부분이었다고 한다. 노출이 있는 옷을 입은 사람만 성폭력을 당한다는 것은 잘못된 생각이며 성폭력과 노출이 있는 옷은 관련성이 없음을 알 수 있는 대목이다.

〈가해자 되지 않기〉 교육이 더 중요하다

그동안의 성교육은 가해자가 무엇을 하지 말아야 하는가보다 피해자가 무엇을 해야 하는가를 교육해 왔다. 이제 〈가해자 되지 않기 교육〉이 필요하다. 여자아이들에게 성폭력을 예방하기 위해 〈아무것도 하지 않아도 된다〉라고 말하면 말도 안 된다는 듯 어리둥절해한다. 특별히 여성이 지켜야 할 성폭력 예방 수칙이 있다고 생각하는 것이다. 〈정숙하지 못한 여자는 성적 대상이 될 수 있다〉고 믿는 부모로부터 정숙을 익히 들어 왔기 때문이다.

성폭력에 대한 걱정과 불안 때문에 〈조신하고 얌전한 여자가 되어야 한다〉, 〈짧은 치마 입고 다니지 말아라〉, 〈몸 조심해야 한다〉는 등의 말로 딸들을 위축시킨다면 오히려 아이는 성폭력 상황에서 적극적으로 방어하지 못할 가능성이 커진다. 또 상대보다 자신을 탓하기 쉽다. 이러한 교육 방식은 성폭력의 책임을 피해자에게 전가하고 가해자의 책임을 덜어 주는 것이다.

우리의 딸들은 어디에든 있을 수 있어야 한다. 마음 편하게 혼자 여행을 가고, 입고 싶은 옷을 입고, 성적 의사 결정을 존중받을 권리가 있다. 성폭력 없는 세상은 〈가해자되지 않기 교육〉을 통해 만들어진다.

4 성폭력 예방을 위한 안전 교육

뉴스에서 성폭행, 데이트 폭력과 관련된 기사가 나오면 부모들은 가슴이 철렁 내려앉는다. 혹시 내 아이에게도 저런 일이 생기지 않을까 하는 불안 때문이다. 그럴 때마다 성폭력 예방 교육을 한다며 〈낯선 사람과 단둘이 엘리베이터를 타지 마라〉, 〈남이 몸을 만지려고 하면 싫다고 정확히 말해라〉, 〈학교 끝나면 바로 집으로 와라〉, 〈너무 짧게 입지 마라〉 등의 염려하는 말들로 딸을 단속한다.

하지만 어른들의 불안이 그대로 담긴 이런 말들은 성에 대한 공포심만 키운다. 성의 긍정적인 면보다 부정적인 면부터 인식하게 되는 것이다. 이러한 〈피해자 되지 않기 예방 교육〉

이 과보호로 이어지면 아이의 활동 영역과 경험이 제한되고 사회인으로서의 성장에도 방해가 된다. 성폭력 예방 교육은 문제나 위협으로 시작하는 것보다 우리가 교통사고 예방 교육을 하는 것처럼 평소에 자연스럽게 되어야 한다. 집을 나서는 순간 언제 어디서 교통사고가 날지 모르지만 교통사고가 무섭다고 나가지 못 하는 건 아니기 때문이다.

아동 성폭력 예방 교육은 편견을 깨는 것부터

아동 성폭력 예방 교육의 첫걸음은 〈성폭력에 대한 편견〉을 깨는 일이다. 성폭력하면 어떤 것이 떠오르는가? 성폭력은 주로 캄캄한 밤에, 한적한 곳에서, 낯선 사람에 의해, 우연히 일어나는 것이라고 생각하지만 아동 성폭력은 조금 다르다. 주로 하교 시간인 오후 1시부터 4시 사이에 가해자 또는 피해자의 집이나 학교, 직장 등에서 발생한다. 가해자의 70퍼센트는 가족을 포함한 주변 지인이며 우발적이라기보다 철저하게 계획된 상태로 의도적으로 접근해 온다.

사람의 인상이나 행동만으로 좋은 사람과 나쁜 사람을 구분하는 것은 바람직하지 않다. 아이들에게 낯선 사람을 조심하라고 가르치면 낯선 사람일 경우에만 경계를 하고 아는 사람일 경우에는 경계심이 해제된다. 저학년일수록 성범죄자는 TV 속에 나오는 악당처럼 험악하거나 마스크를 끼고 있다고 생각한다. 특히 아이들은 낯선 사람과 아는 사람을 잘 구분하지 못한다. 사람을 잘 믿다 보니 낯선 사람에게도 자주 인사를 하거나 예쁘다, 똑똑하다 등의 칭찬과 함께 선물이나 용돈을 주며 친근감을 표현하면 바로 〈아는 사람〉으로 바뀌면서 경계심을 풀곤 한다. 「EBS 다큐 프라임」에서 실행한 한 실험에서 아이들이 너무나 쉽게 낯선 사람을 따라가는 것을 볼 수 있었다. 부모가 아무리 낯선 사람을 조심하라고 강조해도 의미가 없었다. 아이들에게 도로 위의 차들 중 어떤 차가 교통사고를 낼까 물으면 〈차만 보고 어떻게 알아요?〉라며 말도 안 된다는 반응을 보인다. 그렇다면 성범죄자들을 어떻게 구분할 수 있을까? 어떤 차가 교통사고를 낼지 알 수 없듯 사람도 겉모습만 봐서는 구분하기 어렵다. 성범죄는 외모나 성별에 관계없이 행할 수 있다.

아동 성폭력 대처법 일곱 가지를 연습하자

다양한 상황을 상상해 보면서 누군가 아이에게 접근해 다음과 같은 행동을 보인다면 다음과 같이 대처하라고 알려 주자. 몸으로 익히도록 인형(가해자) 등을 이용해 연습해 보는 것이 좋다.

1. 위급한 상황이라면서 도와달랬어요.
직접 도와주지 말고 주위의 다른 어른들에게 부탁하라고 말해 봐. 어른들은 절대 아이들에게 도움을 요청하지 않아.

2. 친절하게 와서 선물이나 상품권, 용돈을 줬어요.

엄마나 아빠가 곁에 없을 때 누군가 다가와서 돈이나 선물을 주면 절대 받아서는 안 돼. 다른 사람이 주는 건 엄마, 아빠가 허락할 때만 받는 거야. 놀이터에서도 혼자 있지 말고 친구와 함께 놀아야 해.

3. 아는 사람이라고 하면서 다가왔어요.

너는 분명 모르는 사람인데 너를 아는 것처럼 다가와서 뭘 묻거나 함께 어디를 가자고 하면 엄마나 아빠한테 연락하고 즉시 그 자리를 피해야 해.

4. 혼자 있을 때 누가 찾아왔어요.

집에 혼자 있을 땐 누가 와도 절대 문을 열어 주지 말고 아무도 없는 것처럼 행동해.

5. 어디로 가자고 했어요.

네가 아는 사람이든 모르는 사람이든 어디로 가자고 해도 절대 차에 타거나 따라가면 안 돼. 친구랑 함께 가는 것도 안 돼.

6. 내 몸을 만지려고 했어요.

아무리 친한 사람도 네 허락 없이는 몸을 만지게 해서는 안 돼. 그건 부모도 마찬가지야. 특히 생식기 부위를 만지려 들면 단호하게 〈싫다〉고 말해. 그리고 이 사실을 모두 엄마한테 말해 줘. 그건 성폭력이거든.

7. 비밀이라고 이야기했어요.

아무도 모르는 둘만의 비밀이라고 말하는 사람을 조심해야 해. 기분 나쁜 비밀은 지키지 않아도 되는 거니까 엄마, 아빠한테 말해도 돼.

성폭력 예방 교육도 교통사고나 화재 예방 교육처럼 몸으로 익히는 법을 배워야 한다. 막상 위급 상황이 닥치면 몸에 익숙하지 않은 행동은 잘 기억나지 않는다. 소방 훈련처럼 시뮬레이션 실습을 통해 대처 방법을 배우고 연습해야 한다.

평상시 예방 교육이 필요하다

평상시에 다음 세 가지를 염두에 두고 아이들에게 성폭력이라는 것이 무엇인지 이해시키고 예방하도록 하자.

첫째는 사랑으로 위장한 성폭력을 조심해야 한다고 알려 주자.

사랑을 가장한 성폭력이 무엇인지 구체적인 사례를 들어 알려 주자. 성범죄자들은 아이들이 자기를 예뻐하는 어른을 경계하지 않는다는 점을 이용해 〈보고 싶다〉, 〈네가 너무 예뻐서〉, 〈너의 몸이 얼마나 예쁜지 보고 싶다〉와 같은 말로 아이와 좋은 관계를 맺으며 지속적으로 길들여 간다. 그러면서 신뢰를 쌓고 아이가 심리적으로 경계의 방어벽을 무너뜨리면 사랑을 가장해 자신의 성적 욕망을 채우려 한다. 아이들은 사랑과 성폭력을 잘 구분하지 못하므로 진심으로 사랑하는 것과 그렇지 않은 것의 행동의 차이를 구체적으로 알려 주어야 한다.

평상시 아이를 목욕시키거나 속옷을 갈아입힐 때 〈누군가 이유 없이 속옷을 보거나 만지려고 하는 것은 너를 사랑하는 것이 아니다〉라고 구체적으로 말해 주자. 싫다고 했는데도 협박하거나 때리는 등 상대방을 아프게 하는 것도 사랑이 아니라고 가르쳐 주자. 다른 사람의 몸을 허락 없이 만지거나 보여 달라는 것은 성폭력이라는 사실을 꼭 알려 줘야 한다.

둘째는 싫다고 말할 권리를 알려 줘야 한다.

누군가 싫은 느낌으로 접근하거나 몸을 만지려는 성폭력 상황이 생기면 상대방의 입장보다 자신의 안전을 생각해 단호하게 〈싫어요〉, 〈안 돼요〉라고 말할 수 있어야 한다. 평상시 자기의 생각이나 감정을 잘 표현하는 아이들은 그렇지 못한 아이들에 비해 갑작스러운 위험 상황을 더 잘 피한다고 한다.

셋째는 〈기분 나쁜 비밀〉은 비밀이 아니라고 알려 주어야 한다.

성범죄자들은 아이들의 순수한 마음을 이용해 둘 사이의 비밀이니 아무에게도 말해선 안 된다고 협박을 가한다. 그러면 아이들은 가족의 생명이 위험해질까 두려워 아무 말도 하지 않을 수 있다. 누군가 몸을 만진 뒤 아무에게도 그 사실을 말하지 말라며 기분 나쁜 비밀을 지키라고 강요와 협박을 가할 경우 반드시 부모나 교사에게 알리도록 해주자.

마지막으로, 성폭력 예방은 아이가 아닌 어른이 하는 것임을 명심하자.

부모들은 우리의 딸들이 성폭력에 대한 불안에서 벗어나 호기심과 모험심을 가지고 살아갈 수 있도록 안전한 세상을 만들어야 한다. 가해자를 감시할 수 있는 CCTV, 밝은 환경, 성폭력 처벌법이 성폭력 재발 방지에 도움이 될 수 있다. 평상시 딸과 함께 집 주변을 돌아다니며 어디가 위험한지 찾아보는 것도 좋다. 성폭력을 예방하기 위해서는 아이들에게 더 적극적으로 관심을 가져야 한다. 아이와 성에 대해 자주 이야기하고 아동 성폭력에 대한 정확한 정보를 갖게 해주자. 부모는 아이들을 안전하게 보호해야 할 책임이 있다. 딸이 어디서 누구와 무엇을 했는지 묻고 관심을 기울이며 자주 이야기할 수 있어야 한다.

5 딸을
성적 대상으로 보는
사회

한 아이스크림 광고에서 열 살쯤 되는 소녀가 화면을 가득
채웠다. 화장한 입술과 목덜미를 강조한 다소 선정적인 모습
이 언뜻 성인 여성과 오버랩되면서 보기가 불편했다. 이 광
고를 두고 어린 소녀를 성적 대상으로 그렸다고 지적하는 사
람이 있는 반면 예쁘게 화장한 소녀가 뭐가 문제냐는 사람도
있었다. 남동생과 오빠, 남편 등 내 주변의 남자들도 뭐가 잘
못된 것인지 잘 인식하지 못했다.

이 사회에서는 내 딸도 성적 대상이다

문제는 여성을 성적 대상으로 삼는 것도 모자라 소녀들까지 성적으로 대상화한다는 것이다. 게다가 이를 문제로 인식하지 못하는 것도 큰 문제이다. 여성의 성적 대상화가 만연한 사회에서는 여성이 성적 주체성을 배우지 못한다. 영국의 미술 비평가 존 버거의 〈여성은 보이고 남성은 본다〉라는 말처럼 남성의 시선에서 여성을 평가하고 판단하고 수동적인 위치에 둔다. 대중 매체는 어린 소녀들에게까지 〈여성은 성적인 매력이 있어야 한다〉는 메시지를 지속적으로 보낸다. 딸들은 어릴 때부터 외모에 대한 말을 많이 들어 외모로 주목받으면 오히려 〈인기녀〉라고 생각한다. 그런 딸들은 성적 대상화를 문제로 받아들이기 어렵다. 자아를 찾고 주체적인 사랑을 배우기보다 사랑받는 것만을 배운 소녀들은 타인의 관심과 사랑으로 자신의 존재 가치를 증명하려고 한다. 사랑받기 위해서 더 예쁘게, 섹시하게 외모를 가꾸고 인형처럼 정형화된 아이돌 그룹을 보면서 외모 치장에 많은 시간을 할애한다. 이런 문화가 10대 소녀의 성적 대상화를 더 부추긴다.

여성을 소비하는 사회에서 여성은 목적을 위한 수단이 된다. 그 안에 가부장제의 폭력성이 담겨 있다. 소녀의 성을 공적으로는 금지하면서도 사적으로는 교묘하게 구매하는 어른들의 이중성이 엿보인다.

10대들의 성매매는 쉽다는 걸 인식하자

그 때문에 10대 소녀들은 성매매나 성폭력, 성 착취에 가장 취약한 위치에 있다. 처음엔 성매매가 자신과는 상관없는 일이라고 여기지만 〈미모와 어린 나이〉가 가치가 된다는 것을 알면 자기 과시나 성에 관련된 일에 다가서게 된다. 특히 취약한 환경에 놓일수록 친구나 선배의 권유, 스마트폰 어플을 통한 조건 만남이나 아르바이트를 통해 쉽게 성매매 산업에 진입한다.

중학교 3학년 여학생이 성매매를 해서 문제가 된 적이 있다. 아이는 다른 친구와 마찬가지로 갖고 싶은 것이 많았지만 가정 형편상 용돈을 많이 받지 못했다. 그러다 〈몸캠 사진만 올리면 문화 상품권〉을 준다는 친구의 말에 인터넷 화상 채팅을 시작했다. 성인 남자들은 처음에는 친절하게 고민을 들어 주고 대화도 나누며 예쁘다며 아이에게 호감을 보였다. 이런 일이 계속되면서 연인처럼 성적인 대화를 나누게 되자 남성은 점점 노출이 심한 사진을 요구했다. 그리고는 사진을 협박용으로 쓰며 더 자주 만나기를 요구했다. 아이가 싫다고 할 때마다 〈학교나 친구, 부모에게 성매매 사실을 알리고 사진을 퍼뜨리겠다〉며 협박을 하고 지속적으로 성폭력을 가했다.

처음 성매매를 경험하는 나이는 13~19세로 사회적 경험이 부족한 상태에서 시작한다. 특히 어른들의 돌봄이 부족한 아이들에게 돈, 선물이나 사랑을 이용해 길들이는 그루밍 방법으로 접근하다 보니 아이들은 성폭력을 당해도 자신이 피해자라는 사실을 명확하게 인식하지 못하고, 인식하더라도 어떻게 해야 할지 모르는 경우가 많다.

문제는 〈13세 미만 성폭력 의제 강간〉 법에서 드러난다. 아이가 만 13세 2개월만 되어도 서로 사랑했거나 돈, 선물을 주고받았다면 〈조건 만남〉으로 인정되어 성폭력 처벌이 사실상 어렵다. 성폭력 가해자인 어른이 소녀에게 무엇인가를 사주면 대가를 지급했다는 이유로 성매매가 성립되고, 그러면 아이는 피해자가 아닌 사실상 피의자 신분이 되어 버린다. 성적 피해자에서 성범죄자가 되니 쉽게 신고하지 못하는 것이다. 이런 사실을 악용해 가해자는 아이를 성 노예로 만들거나 더욱 심한 성폭력을 가한다.

미국을 포함해 대부분 선진국에서는 의제 강간 연령을 만 16세, 독일과 프랑스 오스트리아는 만 15세로 정한다. 의제 강간 연령을 만 13세로 둔 OECD 국가는 한국과 일본뿐이었다. 우리나라도 2020년 〈N번방〉 사건이 터지면서 만 16세로 변경했다.

성매매는 단순히 성매매로 끝나지 않는다. 이는 여성의 몸을 물건 취급하고 성적 도구로 이용하는 경제 성폭력으로 쉽게 이어진다. 인권 침해이며 폭력이고 범죄이고 인격 살인이다. 외국에서는 가해자만 처벌하는 노르딕 모델을 실시해 청소년을 보호하고 성매매 수요를 줄이려고 노력한다.

외모보다 성품을 칭찬하자

부모들은 성매매하는 여자들을 보며 〈내 자식은 설마…〉라고 생각한다. 하지만 문제 학생이나 비행 청소년은 처음부터 생겨나는 것이 아니고 과정 속에서 만들어진다. 〈내 자식도 언제든지 성매매에 빠질 수 있다〉는 인식이 필요하다. 그리고 이를 예방하기 위해 지속적인 관심과 사랑, 많은 대화가 필요하다.

평상시 딸의 외모를 칭찬하기보다 성품을 더 자주 칭찬하자. 만약 아이가 아르바이트를 하고 싶다고 한다면 세상에는 공짜가 없으니 고소득 조건의 취업이나 구인 광고를 의심하도록 하고 반드시 부모와 의논하도록 한다. 컴퓨터나 스마트폰을 사용하는 시기가 오면 채팅 사이트나 SNS 접근에 쉽게 현혹되지 않도록 채팅의 문제점을 말해 주자. 〈신상 털리지 않기〉, 〈벗은 몸 사진 찍지 않기〉, 〈얼굴과 벗은 몸 같이 인증 숏 찍지 않기〉, 〈만나자고 할 때 만나지 않기〉, 〈벗은 몸 셀프 카메라로 찍어 소지하지 않기〉 등과 함께 성폭력으로 이어질 수 있는 상황을 자세히 이야기해 주어야 한다. 어떠한 이유에서건 청소년에게 금품이나 이익을 제공하고 음란 스팸 메일이나 채팅을 통해 성매매를 유도해 성관계를 요구할 경우 법적 처벌 대상이 된다는 사실도 알려 주자. 성매매를 요구하는 문자 메시지나 음성 등은 저장해서 경찰에 신고할 수 있게 해야 한다.

특히 가출은 성매매의 지름길이다. 홧김에라도 〈너 같은 것은 필요 없어〉라며 집에서 나가라는 말은 절대 삼가자. 소녀들의 가출은 쉽게 성매매로 이어질 수 있다. 아이들은 친구가 가출할 때 함께하기도 한다. 무작정 집을 나섰지만 막상 보호해 줄 사람도 없고 돈도 부족해지면 쉽게 성폭력이나 성매매에 노출된다. 부모가 알게 될까 두려워 더욱더 집으로 돌아갈 수 없는 상황에 이르고 자포자기로 떠도는 경우도 많다.

성매매는 분명한 경제적 성폭력임에도 여전히 우리 사회에 존재한다. 성매매는 원해서 하는 일이고 내 일이 아니라고 생각할수록 성매매 아이들이 늘어난다. 성매매 예방은 다른 사람의 딸을 내 딸처럼 여기고 성적 대상의 시선을 거두는 데서 시작된다.

6 몸과 마음이 기억하는 성폭력

의학 박사 베셀 반 데어 콜크의 저서 『몸은 기억한다』에는 베트남 전쟁과 걸프전에 참전한 뒤 〈외상 후 스트레스 증후군〉으로 치료를 받은 327명의 여군 이야기가 나온다. 여군들은 전쟁터의 빗발치는 포탄 속에서 동료의 죽음을 지켜보는 공포로 인한 입원보다 남자 군인에게서 성추행(강간 및 강간에 준하는 행위가 43퍼센트, 나머지는 신체적 접촉, 심한 음담패설 등)을 받았던 충격으로 입원한 여군이 4배나 많았다. 성폭력은 몸의 상처뿐만 아니라 정신적 외상 후 스트레스 증후군의 하나인 트라우마를 남겨 짧게는 6~12개월, 길게는 수년간 악몽과 대인 기피, 공포심, 불안 등의 고통에 시달리게 한다. 특히 성폭력 피해자들은 친밀한 관계에서 이용당하고 배신당하기 때문에 후유증이 더 심각하다. 또 피해자를 바라보는 사회의 시선과 편견 역시 몸에 각인된다.

아이가 성폭력을 당했다면 순서에 따라 대처하자

첫째, 〈아이의 마음 안정시키기〉는 가장 먼저 해야 할 일이다.

성폭력 피해가 발생했을 때는 부모와 주변의 지지가 필요하다. 속상한 마음에 〈왜 따라갔느냐〉고 아이를 비난하거나 윽박지른다면 아이는 자신의 잘못으로 피해를 입었다고 생각해 입을 다물어 버린다. 그러면 상처를 치유할 기회를 놓친다. 아이의 마음을 불안하게 만들지 말고 사실대로 이야기해 준 것을 칭찬하면서 피해 사실의 심각성을 강조하거나 부각시키지 않도록 주의해야 한다. 교통사고나 이별, 갈등으로 인해 힘들어하는 사람에게 〈너는 아무 잘못이 없다〉고 위로해 주듯, 잘 보호해 주지 못한 미안함과 이런 일이 재발하지 않도록 보호하겠다는 믿음을 줘야 한다. 무엇보다 피해 사실을 부끄러워하지 않고 드러내고 이야기할 수 있도록 돌봐야 치유된다.

둘째, 〈피해 사실 신고하기〉이다.

치유는 주변에서 사건을 어떻게 처리하는지에 따라 달라진다. 사소하다고 생각해도 부모가 임의로 사건을 해결하기보다는 신고하는 게 좋다. 최근 한국도 미국처럼 객관적인 증거가 불충분해도 피해자의 진술이 일

관되고 정황이 확실하면 피해자의 진술에 신빙성을 부여한다. 성폭력이 의심되면 아이와의 대화를 휴대폰에 녹음해 두길 권한다. 아이들은 처음에는 말을 잘하다가 멈출 수 있다. 대화 시 아이에게 심리적 압박감을 주거나 반복해서 질문하는 행동은 삼가야 한다. 반복해서 질문할 경우 아이의 기억과 어른의 말이 합쳐져 전혀 다른 기억이 될 수 있다.

또 성폭력이 의심되는 근거들을 보존해야 한다. 피해 당시 입었던 옷가지 등은 코팅되지 않은 종이봉투에 보관하고 몸에 멍이나 상처가 있을 경우 씻기거나 먼저 치료하지 말고 전문 기관과 연계하여 증거 자료를 수집하고 48시간 이내 병원 진찰을 받아야 한다. 성폭력 피해가 의심되거나 확실하지 않다면 성폭력 피해 상담소나 여성 긴급 전화, ONE-STOP 지원 센터, 해바라기 아동 센터 혹은 성폭력 상담소에 연락해 도움을 요청하자.

셋째, 〈아이의 후유증 치료〉이다.

처벌에만 집착하다 보면 더 시급한 아이의 후유증 치료를 놓칠 수 있다. 성폭력 피해자의 고통은 정신과 치료가 필요할 정도로 수위가 높지만 제대로 치료를 받으면 충분히 회복될 수 있다. 또 재난 피해자와 마찬가지로 지속적인 후유증 관리가 필요하다. 피해 당시에는 괜찮다가도 시간이 지나면서 정신적으로 문제가 생길 수 있으니 아동 성범죄 상담 센터나 소아 정신과의 도움을 꾸준히 받는 것이 좋다.

성폭력 피해를 죽음보다 더 큰 일, 회복할 수 없는 일로 인식하면 성폭력 피해자를 더 이상 평범하게 살 수 없도록 만들어 버린다. 자신을 사랑하는 일을 포기하지 않도록 회복의 기회를 주어야 한다. 자기 자신을 치유할 힘을 보태는 것이 우리 부모의 역할이다. 그래야 아이들은 자신을 포기하지 않고 다시 세상을 향해 당당히 걸어 나갈 수 있다.

7 방관자에서 용기의 연대자로

중학교 여학생들이 〈스쿨 미투〉로 같은 반 남학생들을 고발한 적이 있다. 일부 남학생들이 삼삼오오 몰려다니며 왕따를 당하거나 힘이 없는 여학생을 상대로 성적 혐오 발언을 서슴지 않고 가슴을 치고 다니는 등 성희롱과 성추행을 일삼았다. 이러한 분위기는 다른 남학생들에게도 번져 놀이처럼 반복되었다. 특히 그 반에서 가벼운 지적 장애가 있는 여학생을 어딘가로 데려가곤 했는데 그때마다 여학생의 옷매무새가 흐트러져 돌아왔다. 이를 유심히 살펴본 같은 반의 한 여학생이 문제의 심각성을 감지하고 담임 교사에게 알리겠다며 그만둘 것을 요구했지만 남학생들은 오히려 〈내가 그랬다는 증거 있어? 증거도 없고 너가 이야기한다고 해도 선생님이 과연 누구 말을 믿을까?〉라며 적반하장이었다. 여학생은 혼자서는 해결할 수 없다는 생각에 반 친구들에게 이 사실을 알려서 함께 풀어 보려고 했다. 어떤 친구는 괜히 관여했다가 더 큰 피해를 당할지 모른다며 주저했고 어떤 친구는 〈누군가 대신 해결해 주겠지, 네 일도 아닌데 괜히 나서지 말고 그냥 조용히 있어〉, 〈네가 그런다고 뭐가 바뀔 것 같아?〉라며 외면했다. 여학생은 주변 친구들을 일대일로 찾아다니며 일상에서 일어나는 성폭력 문제에 대해 이야기하고 뜻을 모아 줄 것을 설득했다. 결국 여학생들은 연대를 통해 힘을 모았고 트위터를 통해 남학생들을 고발했다.

내 일이 아니라고 해서 외면하면 그 일은 정말 영원히 자신과는 무관한 일이 되는 걸까? 피해자들의 고통을 외면하고 모른 척한다면 썩은 사과 하나가 상자의 모든 사과를 썩게 하듯 그 고통이 나에게도 전염된다. 언제 어디서나 자신도 피해자가 될 수 있다. 사건을 목격하고도 방관만 하는 사람은 어떤 면에서는 〈간접적 가해자〉라고 할 수 있다.

혼자서는 방관자가 되기 쉽다. 연대의 힘을 통해 방관자의 위치에서 벗어나 참여자가 되어야 한다. 그래야 자신이 피해자가 되었을 때 고발자가 될 수 있다. 이제는 한 개인의 방관자, 한 개인의 피해자에서 벗어나 연대의 힘을 통해 함께 목소리를 내는 것이 중요하다. 보다 적극적으로 사건에 참여하고 증인이 될 수 있어야 한다.

여성의 성 문제는 어머니에게서 나에게로, 나에게서 세상 모든 딸들의 문제로 이어져 왔다. 단순히 한 개인의 경험이 아닌 여성의 전체 문제이다. 다른 사람의 일을 내일처럼 여긴다면 세상이 바뀐다는 말이 있다. 건강한 사회는 나로부터 시작된다. 딸들이 살아갈 더 나은 세상을 위해 우리가 할 수 있는 일은 딸들의 성적 권리를 인정하며 불평등한 성 고정 관념을 버리고 올바른 성 인식을 갖는 것이다. 그리고 그것을 딸들에게 물려주는 것이다.

예쁘기보다 너답게
러브 유어셀프 딸 성교육

ⓒ 엄주하, 2021

초판 1쇄 인쇄 2021년 2월 15일
초판 1쇄 발행 2021년 2월 25일

지은이 | 엄주하
발행인 | 장인형
임프린트 대표 | 노영현
책임편집 | 김미정
일러스트레이터 | PATAGUM

펴낸 곳 | 다독다독
출판등록 제313-2010-141호
주소 서울특별시 마포구 월드컵북로4길 77, 3층
전화 02-6409-9585
팩스 0505-508-0248
이메일 dadokbooks@naver.com

ISBN 978-89-98171-98-8 03590